Meccanica Quantistica 1
Dal quanto di Planck al bosone Higgs
con biografie di XX scienziati

Serie: Panoramica scientifica dell'Universo n. 4

****

Breve storia della Meccanica Quantistica

Disse il greco Democrito 2.500 anni fa: "signori miei, tutto è fatto di atomi indivisibili, materia, aria, luce, quello che mangiate e se tentate di spaccarli non ci riuscirete mai!"

Disse l'inglese Young 2.300 anni dopo ed esattamente nel 1801: "e no caro Democrito, la luce è fatta di onde, guarda qui la mia macchina per esperimenti ... la luce è proprio un'onda!"

Disse il tedesco Planck 100 anni dopo ed esattamente nel 1900: "e no, caro Young, la luce è fatta di corpuscoli, guarda qui la mia macchina per esperimenti ... la luce è fatta di corpuscoli!"

Disse lo studentello francese de Broglie 24 anni dopo ed esattamente nel 1924: "e no, cari Planck, Young e Democrito, avete tutti torto, la luce è onda e corpuscoli insieme, anzi, tutto è onda e corpuscoli insieme, anche i vostri corpi!"

****

Meccanica Quantistica 1

Dal quanto di Planck al bosone di Higgs

Con biografie di 16 scienziati

Disponibile anche in formato eBook su Amazon:
https://amzn.to/2ZCZfnk

Serie: Panoramica scientifica dell'Universo n. 4
https://amzn.to/2ZsSJeX

Edizione italiana

Ettore Accenti

Linkedin: Ettore Accenti
Blog: http://ettoreaccenti.blogspot.ch/
Tutti i miei libri pubblicati: https://amzn.to/2KUSB3z

EDIZIONI ACCENTI

Ettore Accenti

Meccanica Quantistica 1 (rev. 14/9/2019)
Dal quanto di Planck al bosone di Higgs

Serie: Panoramica scientifica dell'Universo n. 4

ISBN-13: 9781689532389

Dedica

A mia moglie Eva, che ha corretto il testo e fornito molti utili suggerimenti.

L'autore

Fin dall'età scolare sono rimasto affascinato dal mistero insito nelle scienze e la matematica che le descrive.

Questo amore per l'ignoto mi ha portato a soddisfare sempre la mia curiosità leggendo i libri di Astronomia e di Fisica che trovavo nella vecchia biblioteca di famiglia ed in particolare "L'Astronomia popolare"del 1885, scritta dal famoso astronomo francese Camillo Flammarion, che ancora conservo gelosamente ed i lavoro di Einstein sulla relatività.

Inoltre, durante i miei numerosi viaggi non perdevo occasione per visitare osservatori astronomici come Monte Palomar e musei scientifici di ogni genere.

Una laurea al Politecnico di Milano in ingegneria e poi una complessa famiglia e la mia attività come imprenditore nel mondo della tecnologia hanno limitato questo mio hobby che non ho mai abbandonato.

Ora, con i quattro figli indipendenti, i dieci nipotini ben accuditi dai rispettivi genitori ed una moglie che si occupa delle cose di tutti i giorni, lo scrivere un libro di cucina, un altro di archeologia il correggere pazientemente le bozze dei miei libri, posso tranquillamente dedicarmi alla ricerca ed alla pubblicazione dell'oggetto della mia passione: la Fisica e l'Astrofisica.

Premessa alla serie

Le scienze che desidero trattare in questa serie spaziano dalla fisica all'astrofisica e dalla matematica alla cosmologia, tutti argomenti che si correlano fra di loro per giungere a spiegarci come funziona l'Universo.

I primi tre volumi che precedono questo quarto volume sono:

Astrofisica 1. Dal Big Bang ai Buchi Neri (http://amzn.to/2tTA7dC)

Einstein: Relatività speciale, quasi divulgativa, con biografie di 16 scienziati (https://amzn.to/2U5tmi1)

Einstein: Relatività generale, quasi divulgativa, con biografie di 16 scienziati (https://amzn.to/2U5tmi1)

L'esperienza acquisita anche con la mia serie precedente di libri tecnologici (http://amzn.to/2DBN9Mt) e soprattutto l'incoraggiamento dei miei numerosi lettori mi spingono a dedicare buona parte del mio tempo a ristudiare le mie vecchie letture ed a leggerne di nuove per la non facile attività di rendere i contenuti accessibili a molti.

Inoltre mi sforzo di conciliare la generalizzazione dei testi senza scendere in eccessivi compromessi con la facile divulgazione, perdendo quella rigorosità che ritengo importante.

Da quando ero uno studente, molti anni fa, mi avevano affascinato le visite a planetari e alcune letture di astronomia, ma l'approfondimento di quegli argomenti ben presto mi fu reso difficile da altri studi universitari e poi dall'intensa attività lavorativa.

Ora dispongo di tutto il mio tempo, situazione meravigliosa e lo utilizzo per scegliere e studiare gli argomenti che prediligo.

Questi libri non sostituiscono certo il vero studio sui testi ufficiali ma ricordo bene quanto, da studente, certi testi riassuntivi e seri mi fossero stati utili per una rapida rilettura di qualsiasi argomento scolastico o di cui volevo, in poche ore, conoscerne gli elementi fondamentali.

Affrontando argomenti generalmente difficili, questa serie vuole offrire al lettore un'utilità nel senso del tempo richiesto per leggerli, tralasciando parti che non considero essenziali e rimandando ai link internet citati o ad altre letture.

Anche il lettore esperto potrà richiamare alla sua memoria quanto studiato o completare rapidamente le sue conoscenze nell'ambito scientifico.

Mantenendo una rigorosità scientifica questa serie utilizzerà tre formati nel testo, in aggiunta al carattere normale:

Grassetto: le parti il cui contenuto è importante e che riassume concludendole le argomentazioni che le precede.

Corsivo: *le parti tecniche non essenziali per la prosecuzione della lettura*

In blu e sottolineato: collegamenti internet selezionati per consentire al lettore meno frettoloso di accedere ad argomenti rintracciabili sul web evitandogli la faticosa ricerca di testi affidabili

SOMMARIO

NOTA IMPORTANTE

QUESTO TESTO NON SEGUE UNA SUCCESSIONE SCOLASTICA. LE SCOPERTE DEI VARI SCIENZIATI SONO IN SUCCESSIONE CRONOLOGICA PER POI ESSERE RIPRESE ORGANICAMENTE NEL SEGUITO. SUGGERISCO AL LETTORE CHE DESIDERI FARSI UN'IDEA SU UN ARGOMENTO COSI' DIFFICILE DI PROCEDERE, SENZA PREOCCUPARSI DI CAPIRE OGNI PASSAGGIO.

Premessa per i neofiti

Credo sia necessaria qualche considerazione preliminare per la complessa realtà della Meccanica Quantistica con la genuina voglia di capirne qualcosa.

Se gli argomenti che ho trattato nei primi tre volume di questa serie (astrofisica e le due relatività di Einstein) potevano sembrare difficili ed a volte con "strane conclusioni", questo volume tocca la massima distanza dal senso comune.

Se velocità, tempo, spazio e gravità delle due relatività di Einstein si allontanavano parecchio da come li intendiamo nel nostro vivere quotidiano, sicuramente come la materia si comporta nell'indagine che faremo nel suo microscopico mondo ci apparirà ancora più fantascientifica del miglior libro di fantasia.

Uscendo dalle dimensioni del nostro limitato spazio in cui agiamo, sia verso l'immensità dell'Universo, sia verso il piccolissimo mondo dei quark, scopriremo che la natura ci riserva sorprese incredibili e la sua meravigliosa fantasia.

Scopriremo che la materia non è quel solido insieme che quotidianamente maneggiamo, ma un etereo insieme di piccole parti che sembrano onde immerse in un grande spazio vuoto.

Scopriremo che la natura ci impedisce di osservare questo microscopico mondo come faremmo con le cose che ci circondano, ma ci consente solo di conoscere la probabilità che quello che osserviamo sia quello che vediamo.

Scopriremo che anche lo spazio ed il tempo perdono quell'ovvio significato a cui attribuiamo loro per trasformarsi in un insieme discontinuo di spazio-tempo.

Scopriremo che quello che chiamiamo vuoto assoluto non è poi così vuoto perché vi pullulano delle evasive particelle che appaiono e scompaiono in tempi così brevi che non ci è dato di osservarli.

Scopriremo che la distanza non esiste per particelle correlate che possono influenzarsi istantaneamente fra loro, anche fossero separate da anni luce.

Scopriremo che non esiste limite alla possibilità di comprimere la materia e che l'intero Universo potrebbe essere contenuto in uno spazio molto più piccolo di un chicco di riso.

E potremmo continuare citando spazi a 10, 12 ed anche a 26 dimensioni, buchi neri, ecc. ecc., e tutto quello che avanzando con la nostra conoscenza scopriamo della natura che nella sua immensità pare dirci: "Occhio, sei arrivato fino a qui, ma è nulla rispetto a quello che ancora non conosci!".

A questo punto il lettore attento si porrà la domanda fondamentale: "Come facciamo ad indagare così a fondo sulla natura se poi anche il nostro intuito è incapace di formarsi un'idea della natura stessa?"

La risposta semplice ma molto profonda è che la natura stessa ci ha dotato della capacità di creare modelli matematici rappresentativi di come la natura opera e, con lo strumento matematico unito alla sperimentazione, gli scienziati penetrano anche i segreti più nascosti della natura stessa.

La matematica è il nostro microscopio intellettuale, il nostro trapano ideale che penetra quella montagna rocciosa che costituisce la realtà intorno a noi.

In questo senso il grande fisico e matematico Paul Dirac, premio Nobel nel 1933, affermò: " Se Dio esiste certamente deve essere un grande matematico". In effetti Dirac sapeva che la natura da lui brillantemente investigata con la matematica era alla fine decifrabile, proprio usando il linguaggio matematico.

A questo punto si potrebbe pensare che per comprendere a fondo il micro mondo occorra studiare per anni matematica e così poter figurarci nella nostra mente come sia quella realtà esattamente come ce l'hanno in mente gli addetti ai lavori.

Niente di più sbagliato! Noi umani non siamo attrezzati per comprendere le abissali profondità della natura col nostro intuito, possiamo solo imparare a modellarla in modo che se ne possano trarre utili risultati con il calcolo.

Il problema fondamentale in cui gli esseri umani si imbattono quando cercano di capire l'infinitamente piccolo consiste nel fatto che, cercando di rendere intuitiva quella realtà utilizzando metafore, finiamo con allontanarci dalla verità.

Protoni, elettroni, neutroni, quark non sono piccole sfere e non sono onde come le conosciamo nel nostro mondo; sono semplicemente quello che sono e quando le descriviamo facendone dei paragoni ci allontaniamo da loro.

Non ci è dato di esaminare un atomo con i dettagli precisi a cui siamo abituati nel nostro mondo; la natura vuole che esaminandolo inesorabilmente lo si modifica.

La Meccanica Quantistica, la conoscenza più avanzata di cui disponiamo, assimila l'atomo ad un nucleo circondato da un'onda di elettroni, ma questa visione è una metafora. L'onda di elettroni caricati negativamente che avvolge il nucleo di un atomo ha proprietà particolari per cui gli elettroni si guardano bene dal cadere nei nuclei caricati positivamente, come vorrebbe il non cadono nel nucleo.

Da un punto di vista matematico, ugualmente dimostratosi valido, gli elettroni sarebbero punti incerti collocati nello spazio in posizioni rintracciabili solo in modo probabilistico.

Questa non è metafisica, è fisica che avendo sfondato il muro più intimo e nascosto della natura si trova in un mondo dove regna sovrana l'incertezza..

Nel procedere va tenuto presente come le particelle come protoni, neutroni, elettroni e le molte altre che verranno come i gravitoni, il bosone di Higgs ecc. sono quello che sono e staranno sempre al di là della nostra primordiale percezione.

Ed anche quando troveremo argomenti apparentemente paradossali come "trasporto istantaneo" ed altro, dobbiamo sempre tener presente che stiamo osservando qualcosa che non appartiene alla nostra logica. Questa realtà possiamo solo afferrarla con una equazione e nell'attimo che vogliamo guardarla ne perdiamo l'essenza.

Ed in tutto questo c'è qualcosa di sbagliato o inutile? Assolutamente no, costruendo dei modelli noi approssimiamo la natura anche se i nostri occhi non sono adeguati per vederla.

La "Meccanica Quantistica" ha proprio lo scopo di realizzare modelli descrittivi del comportamento della materia nella sua struttura più piccola. Il suo nome discende dal fatto che si è scoperto come la materia e l'energia non siano entità "continue", come si credeva nel mondo classico, ma costituite da unità "discrete" dette quanti.

A consolazione nostra nel non poter comprendere come vorremmo la Meccanica Quantistica, mi piace riportare qui la citazione di un famoso scienziato atomico e premio Nobel Richard Feynman che ha affermato; "Se dici di capire la Meccanica Quantistica, allora non capisci la Meccanica Quantistica".

Premessa al libro

<u>La formula in copertina vede Peter Higgs scrivere alla lavagna la complessa equazione che descrive il suo bosone.</u>
Questa formula conclude il poderoso lavoro degli scienziati alla ricerca dell'origine della massa di cui è costituita tutta la materia.

Per quanto possa sembrare strano era proprio questo bosone la spiegazione dell'intimo processo subatomico che permette alla materia di esplicitarsi come noi tutti ben chiaramente percepiamo.

Ora il bosone di Higgs fa parte del modello standard, quell'insieme di equazioni che sono rappresentative della struttura profonda della materia e di cui tanto ci vantiamo per la sua capacità di illustrarne il funzionamento.

Fino a poco tempo fa questo modello aveva una grossa falla: non prevedeva il sorgere della massa delle particelle e quindi, a livello microscopico, ai nostri corpi di avere un "peso".

Un'ipotesi era stata fatta dallo scienziato Peter Higgs nel 1964 quando aveva supposto l'esistenza di un campo, quello che oggi chiamiamo campo di Higgs, che pervadendo tutto l'Universo fin dagli albori della grande esplosione iniziale e che diede vita all'Universo stesso.

Questo campo, secondo la previsione di Higgs, ha l'importante funzione di fornire massa a tutte le particelle come quark e neutrini, mentre non interagisce con altre particelle come i fotoni.

Per quasi 50 anni si sono fatte supposizioni e calcoli per scoprire se questo benedetto campo esistesse veramente, senza che una qualsiasi traccia facesse capolino, fino al 2012.

Ed ecco che finalmente al CERN di Ginevra da uno scontro tra protoni generato dall'acceleratore potenziato sono saltate fuori delle flebili prove dell'esistenza di certe particelle di decadimento che non potevano essere altro che i resti del bosone di Higgs, la particella prova dell'esistenza di quel campo.

Cosa hanno potuto constatare gli scienziati nel 1912? Hanno avuto la conferma che le particelle che il campo di Higgs ha generato con le sue increspature è una realtà e che, il tanto cercato campo che materializza il tutto esiste.

Molta strada deve essere ancora percorsa per comprendere tutti quei meccanismi che con questo rilevamento si sono avviati.

Ancora una volta quel modello standard, poderoso risultato della Meccanica Quantistica, si è dimostrato perfettamente predittivo grazie ad Higgs ed ai numerosi scienziati che vi hanno collaborato.

Il modello ha dimostrato di racchiudere nella sua complessa formulazione i grandi misteri sulla natura che si vanno lentamente dipanando.

Nel 2013 a Peter Higgs e a Francis Englert, altro scienziato che ha collaborato a quelle ricerche, è stato assegnato il premio Nobel per la fisica per questo importante risultato

Ho voluto iniziare questo mio libro con l'argomento che farà parte della conclusione di questo volume, perché ritengo sia importante per il lettore comprendere da subito dove leggendo questo libro si vada a parare.

Le molte teorie, apparentemente astruse, che vedremo leggendo questa trattazione "quasi-divulgativa" ci porteranno pazientemente a capire come siamo riusciti a penetrare quel microcosmo da cui dipende la composizione dell'Universo.

Un avvertimento è necessario: la Meccanica Quantistica, per sua natura, ha portato l'umanità di fronte a fenomeni naturali contro intuitivi la cui comprensione ha richiesto l'utilizzo dello strumento matematico ad altissimo livello per descriverla, fatto questo certamente non nuovo.

Anche la meccanica newtoniana, per essere descritta quantitativamente, richiese lo sviluppo di nuovi metodi di calcolo come il calcolo differenziale, ma i risultati non erano contro intuitivi. Che una mela cadesse verso la terra se staccata dall'albero era un risultato chiaro a tutti, anche se per calcolarne la velocità ci riuscivano solo Newton e pochi altri.

Volendone divulgare i contenuti fondamentali mantenendo una certa profondità scientifica, quindi una quasi - divulgazione, qualche espressione matematica si si renderà neccessaria.

Per questo motivo il lettore troverà qualche notazione scientifica e relative spiegazioni senza entrare nella profondità di quei calcoli che sono appannaggio di matematici degni del premio Nobel

Vedremo come certe risultanze teoriche, come la teoria delle stringhe attualmente astrazione matematica pura, possano comunque essere illustrate come ipotesi scientifiche anche se appaiono come fantascienza.

Quindi quando leggendo troverete che i corpuscoli in realtà sono onde, che due particelle correlate si influenzano istantaneamente anche se una si trova nella nostra galassia e l'altra su Andromeda (entanglement), che possiamo comprimere la nostra Terra e farla diventare un buco nero, che tutto l'Universo all'inizio era racchiuso in una sferetta infinitamente più piccola di una pallina da golf, che la natura non ci permette di conoscere dove ed a che velocità vada una particella ed altre meravigliose cosette come le super stringhe a 21 dimensioni, dovrete chiedervi come diavolo sia possibile che da una formuletta come quella in copertina noi si possa dire: "Sì, così nasce tutta la materia compresa la materia di cui siamo fatti!".

Come l'Universo costruisce la massa

In questo breve capitolo utilizzeremo terminologie come "sapore", "colore", "spin" e "gluoni" che nulla hanno a che fare con il loro significato etimologico e che ritroviamo nel glossario alla fine del libro (carica di colore).

Considerateli quindi curiosi punti di partenza come in un libro giallo in cui solo seguendo tutto il percorso del libro si comprenderanno cosa in realtà siano.

Cominciamo con quanto si studia nelle scuole e che è un acquisito dato di fatto sul quale parrebbe non esservi dubbio: tutta la materia dell'Universo consiste in elementi chimici, definiti dalla scala di Mendeleev e che, combinandosi fra loro, formano tutte le innumerevoli sostanze che ci circondano, compreso il nostro corpo.

Abbiamo anche studiato come questi elementi chimici siano formati da atomi che, a loro volta, consistono in un nucleo intorno a cui ruotano un certo numero di elettroni. Questa era la visione della materia come la si descriveva all'inizio del secolo scorso.

Approfondendo l'analisi degli atomi si constatò come il loro nucleo fosse formato da protoni caricati positivamente e neutroni con carica elettrica nulla accoppiati in diverse quantità per realizzare i diversi elementi.

Con vari esperimenti si constatò che gli elettroni possiedono una carica elettrica negativa e che, nell'insieme, l'atomo è neutro.

Per decenni questa descrizione della materia è rimasta come la base del tutto ed ancora oggi la maggior parte delle persone ritiene come gli ultimi costituenti della natura siano protoni, neutroni ed elettroni, quasi questi fossero i mattoni indivisibili fondamentali.

Ed ecco che poi facendo "scontrare" fra loro protoni ad alta energia negli acceleratori di particelle si riuscì a spaccarli come fossero uova a vederne il contenuto.

Nasceva una nuova fisica e la vita degli scienziati per comprendere l'interazione dei nuovi elementi costitutivi si complicò immensamente.

Si avevano così delle "uova" al centro dell'atomo con il loro contenuto e degli elettroni che apparivano come particelle elementari, non divisibili, trattenute dal nucleo attraverso forze elettriche.

Tra l'altro si sapeva già dagli anni trenta che ogni elettrone può assumere due tipi di orientamento detti spin-up o spin-down e che ciascuna orbita dell'atomo può ospitare al massimo due elettroni purché i loro spin siano diversi.

Gli elettroni possono spostarsi da un'orbita ad un'altra attraverso l'assorbimento o l'emissione di radiazioni elettromagnetiche nella forma di fotoni.

Ora si presentava l'arduo compito di capire come all'interno di protoni il tutto funzionasse e come da quel "tuorlo d'uovo" derivassero tutte le note caratteristiche dei neutroni e dei protoni che, tra le altre cose, costituiscono la gran parte della massa dell'atomo (gli elettroni hanno una massa mille volte più piccola del protone).

Balza subito al nostro occhio che ciò che chiamiamo massa o peso abbia la sua origine lì dentro, proprio in quelle uova di Pasqua.

Facendo un gran salto temporale, oggi sappiamo che i protoni ed i neutroni nel nucleo non sono particelle elementari, ma sono composti da quark e da strane forze che interagendo fra loro forniscono le caratteristiche che noi osserviamo dei protoni e dei neutroni.

Sappiamo inoltre che un protone è costituito da tre quark di diversi "sapori": due up e uno down e che i quark si distinguono fra loro per il "colore": rosso, verde e blu.

I due up-quark e il down-quark di un protone hanno colori diversi, la combinazione risultante appare "bianca".

Un neutrone è formato da un quark up e da due quark down, con ogni quark che assume un colore diverso.

La forza del colore tra i quark è trasportata da otto diversi tipi di particelle di forza chiamate collettivamente gluoni.

Abbiamo scoperto che questa forza aumenta non quando i quark si avvicinano, come ci si potrebbe aspettare, ma quando si allontanano.

La "forza forte", così si chiama quella forza che tiene insieme protoni e neutroni nel nucleo, non è altro che un piccolo riflesso della forza del colore che tiene insieme i quark.

E' qui che si allaccia la recente scoperta del bosone di Higgs menzionata in premessa e che confermerebbe come la massa dei quark derivi dalla interazioni con il campo di Higgs, esattamente come lo scienziato Peter Higgs aveva previsto.

Secondo questa teoria i quark interagendo col campo di Higgs acquisterebbero massa.

La teoria che illustreremo in un apposito capitolo spiega come le interazioni col campo di Higgs alle particelle venga data una resistenza all'accelerazione, proprietà della massa.

In ultima analisi quindi questa resistenza all'accelerazione è ciò che chiamiamo massa, quella massa che nella teoria generale della relatività di Einstein curva lo spazio-tempo.

Va poi notato come dai parametri oggi noti la massa dei quark sia estremamente piccola, dell'ordine del solo 1% dei protoni di cui fanno parte per cui si è giunti alla conclusione che il 99% della massa dei protoni (e dei neutroni) debba derivare dalle forze all'interno dei protoni stessi e non dai quark.

La Meccanica Quantistica, nel senso della "descrizione" matematica dell'intima realtà della materia grazie al suo "modello standard" consente oggi di affermare che il nostro vecchio concetto di materia e massa non esiste più e che **la massa è principalmente costituita dall'energia delle interazioni che avvengono tra i campi quantistici elementari e le loro particelle all'interno dei protoni e dei neutroni.**

Il bosone di Higgs col suo meccanismo spiega oggi come la massa di tutte le particelle nell'Universo debba essere considerata costituita dai quark contenuti in essa e soprattutto dall'energia acquisita attraverso le interazioni con il campo di Higgs e lo scambio di gluoni, le particelle che trasportano "la forza forte" che incontreremo nel capitolo che tratta del "Modello Standard".

Questa sarà il punto d'arrivo di quanto leggerete e che descriverà la non facilmente comprensibile conclusione qui sinteticamente espressa.

Breve anticipo dell'argomento trattato

In questo capitolo si anticipa quanto più dettagliatamente verrà trattato nei capitoli seguenti. Lo scopo è di offrire al lettore una visione panoramica delle complesse questioni e della nuova semantica che con la Meccanica Quantistica occorre conoscere.

Ritengo questo modo di procedere, poco convenzionale, efficace per favorire la curiosità del lettore che verrà poi nel seguito soddisfatta.

Cominciamo con l'affermare che mentre l'Astrofisica studia l'infinitamente grande, la Meccanica Quantistica studia l'infinitamente piccolo e le due teorie dovrebbero conciliarsi in quanto una, l'Astrofisica, dovrebbe poggiare le sue basi scientifiche su come la materia è fatta ed opera nella sua più piccola struttura. Ho scritto "dovrebbe" poiché ancora oggi esistono delle incongruenze, o meglio, delle incompatibilità tra le due teorie.

In pratica come la gravità incurvi lo spazio-tempo secondo Einstein e le verifiche fatte non ne consentono una unificazione con le moderne teorie quantistiche.

L'argomento è all'ordine del giorno e pare proprio che non se ne venga a capo, anche se stravaganti soluzioni, peraltro non verificate, cerchino con altrettante stravaganti giravolte matematiche di proporre soluzioni.

In realtà il tutto nasce molti anni orsono, addirittura nell'antica Grecia, quando i filosofi intuirono che il Tutto, cioè l'Universo e le sue regole, dovesse essere la conseguenza dei più elementari componenti della materia.

Si deve a Democrito, filosofo greco del V secolo a. C., la prima teoria atomica che si avvicina a quanto noi oggi conosciamo. Democrito pensò che tutte le varie sostanze fossero costituite da diversi elemento fondamentali che, combinandosi, nel loro insieme dessero vita a quanto noi vediamo e tocchiamo nel nostro mondo reale.

Era un'intuizione molto ardita e non lontana dalla realtà che oggi ben conosciamo, anche se poi in tempi moderni col termine atomo definiamo quel componente della natura che poi tanto indivisibile non è.

Il grande merito di Democrito e degli altri filosofi atomisti (Leucippo, Epicuro, Lucrezio Caro) fu quello di superare il concetto del "continuo" che sperimentalmente pareva ovvio e di supporre che alle sue fondamenta la natura fosse corpuscolare, in altre parole introducendo quella che oggi definiremmo come la "quantizzazione della Natura".

Con il così detto "modello Standard" introdotto il secolo scorso ed i vari esperimenti al CERN di Ginevra abbiamo identificato un gran numero di particelle elementari, proprio quelle che Democrito aveva intuito, e la cui funzione è appunto di combinarsi per creare il nostro Universo e che saranno oggetto di questo libro.

Resta la meraviglia di come già 2.500 anni fa e con la sola speculazione mentale, alcuni esseri umani abbiano capito quanto sperimentalmente stiamo verificando solo da così poco tempo.

Per completare questo inizio è doveroso aggiungere subito che alla "granulosità" della materia intuita da Democrito e verificata in pratica, recentemente abbiamo aggiunto anche la "granulosità dello spazio-tempo", qualcosa che gli antichi non potevano certo immaginare. Per loro tutto era immerso in uno spazio infinito in cui scorreva un tempo anch'esso infinito e la materia ne occupava parte evolvendo nel tempo.

Saltando da Democrito ad Einstein, lo spazio ed il tempo per quest'ultimo non sono entità separate ma un tutt'uno e continuo. Saltando da Einstein ad oggi questo spazio-tempo pare non essere un continuo bensì anche lui in qualche modo atomizzato.

In altre parole l'Universo sarebbe immerso in uno spazio-tempo granulare ad una scala estremamente piccola, addirittura più piccola della scala di Planck che, per capirci, è considerata la dimensione minima a cui può giungere la materia, molti, ma molti, ma molti miliardi più piccola dell'atomo.

Ne tratteremo in un apposito capitolo: con le poche righe in questo capitolo abbiamo percorso l'arco temporale che ci riguarda dal suo inizio di 2.500 anni fa fino ad oggi, anzi oltre, perché la questione della granulosità dello spazio-tempo è appena iniziato.

Passiamo ora a scorrere rapidamente i fatti storici che ci riguardano dall'inizio del secolo scorso per giungere a Peter Higgs, riportato nell'immagine di copertina, ideatore della teoria che ha portato alla scoperta della particella che ha preso il suo nome.

Enorme è il numero degli scienziati che hanno contribuito allo sviluppo della Meccanica Quantistica e rimando all'Appendice il lettore interessato alla loro biografia, limitandomi nel seguito a riportare i passaggi più significativi con i relativi contributori.

Il concetto di "quanto" fu introdotto per la prima volta dallo scienziato tedesco Max Planck nel 1900 per spiegare lo strano comportamento di un "corpo nero".

Si definisce corpo nero un oggetto teorico in grado di assorbire tutta la radiazione elettromagnetica incidente, ad esempio la luce, e quindi di riemetterla interamente.

Rimandando al prossimo capitolo la spiegazione di questo esperimento, ci basti qui sapere che Planck dimostrò come la luce venisse emessa in quantità discrete, che noi oggi chiamiamo fotoni, dando così origine alla moderna fisica quantistica.

Nel 1905 Einstein fu tra i primi a comprendere quanto Planck aveva verificato ed in base a questo a pubblicare in quello stesso anno un articolo sul Der Physik in cui illustrava l'interazione di un campo elettromagnetico con un metallo: in pratica lanciando la teoria dell'effetto fotoelettrico che gli valse il premio Nobel nel 1921.

Einstein nell'articolo spiegò per la prima volta come il fenomeno di estrarre elettroni da un metallo fosse dovuto a quei pacchetti di energia, i fotoni, chiarendo per la prima volta un fenomeno di interazione quantistica.

Nel 1913 il fisico danese Niels Bohr propose il modello atomico che ancora oggi si studia nelle scuole. Questo modello planetario in cui elettroni ruotano intorno ad un nucleo viene da Bohr proposto e verificato sperimentalmente per l'atomo di idrogeno e poi concettualmente esteso a tutti gli elementi. Per evitare che l'elettrone negativo cada nel nucleo positivo introduce l'ipotesi dell'esistenza di orbite consentite senza ancora darne una spiegazione scientifica.

La teoria dell'atomo di Bohr viene generalizzata per spiegare la permanenza in orbita degli elettroni dallo scienziato francese Louis de Broglie che, nel 1924, attribuisce agli elettroni proprietà ondulatorie, da cui deriverebbe la loro stabilità nelle orbite consentite.

E' con l'anno 1924 che la **dualità onda-corpuscolo** dei componenti della materia entra prepotentemente a far parte del mondo scientifico, dualità che pervaderà, con immense conseguenze, tutta la fisica fino al giorno d'oggi.

Nel 1926 Erwin Schrödinger elabora la sua famosa equazione d'onda, poi denominata equazione Schrödinger, che descrive l'evoluzione di una particella e la probabilità di trovarla in un determinato punto dello spazio.

Con questa equazione nasce la meccanica, fondamentale per la fisica futura e che, tra l'altro, ha permesso di dimostrare perché soltanto alcuni valori discreti di energia siano ammessi per gli elettroni che ruotano intorno all'atomo.

Spetta al tedesco Werner Heisenberg introdurre nel 1927 uno dei principi più anti-intuitivi della Meccanica Quantistica, il "**principio di indeterminazione**" le cui conseguenze per la fisica sono così profonde e difficili da accettare tanto da far esclamare ad Einstein, che non ci credeva, come "Dio non giocasse a dadi".

Tale principio, che vedremo in dettaglio nel seguito, afferma come "**la misura simultanea di due variabili coniugate, come posizione e quantità di moto o energia e tempo, non possono essere compiute senza una dose di incertezza minima ineliminabile**". E si ponga massima attenzione! Questo non dipende da un limite della strumentazione che esegue la misura, ma è un limite impostoci dalla natura.

Un altro scienziato fondamentale della Meccanica Quantistica è l'inglese Paul Adrien Maurice Dirac, un fine matematico che nel suo volume "I Principi della Meccanica Quantistica", praticamente inventa una nuova matematica operatoriale (calcolo in cui vengono introdotti oltre ai soliti operatori somma, prodotto, divisione, ecc. altri nuovi) in cui introduce la generalizzazione di vettori denominati "bra" e ket" riferendoli a spazi con infinite dimensioni.

In base ai suoi calcoli Dirac nel 1930 riuscì a prevedere per via teorica l'esistenza del positrone, cioè dell'elettrone con carica positiva. In pratica previde l'esistenza dell'antimateria scoperta decine di anni dopo.

Grazie a questo lavoro Dirac conseguì il premio Nobel nel 1933 assieme a Schrödinger.

John von Neumann, scienziato noto ai più per aver ideato nel 1945 la struttura del computer elettronico moderno, a partire dal 1933 ha contribuito in modo essenziale allo sviluppo delle teorie matematiche utilizzate nella Meccanica Quantistica.

Nel 1940 nasce l'elettrodinamica quantistica (Quantum Electrodynamics = QED) per opera di vari scienziati tra cui Richard Feynman, Sin-Itiro Tomonaga, Julian Schwinger e Freeman Dyson, tutti premiati col Nobel nel 1965.

La QED, a cui contribuì anche Enrico Fermi, descrive l'interazione tra radiazione e materia.

Con questa teoria si sviluppano una serie di nuove scoperte in parte confortate da prove sperimentali.

Nel 1968 lo scienziato italiano Gabriele Veneziano intuisce per la prima volta come all'interno dei protoni agiscano le forze che trattengono i quark introducendo quella che diventerà la "teoria delle stringhe" che darà luogo ad altre teorie al limite della fantascienza come la teoria dei "multi universi" e delle super stringhe, per giungere alla scoperta della materia oscura e dell'energia oscura, scoperte si, ma spiegate ancora no!

Comunque da quell'immenso lavoro realizzato da una sterminata moltitudine di scienziati possiamo oggi dire di avere un quadro abbastanza completo dei costituenti della materia fino al recente bosone di Higgs. Manca ancora lo sfuggente gravitone, ma state certi che prima o poi lo acchiapperemo!

Approfondiamo quanto fino a questo punto abbiamo anticipato sfiorando argomenti storici e scientifici.

Irraggiamento e corpo nero

Costante di Planck = 6,62607004 x 10^{-34} Joule×secondo

Come nasce l'idea che la luce sia trasportata da onde e non da particelle come riteneva Newton? dalla prova effettuata nel 1801 da un giovane scienziato inglese di nome Thomas Young.

Young costruì un sistema relativamente semplice con lo scopo di analizzare un singolo raggio luminoso costringendo il raggio stesso ad attraversare un piccolo foro praticato in un pannello in modo che il raggio si espandesse e quindi attraversasse due sottili fenditore rettangolari e parallele che avrebbero dovuto creare due righe parallele sullo schermo.

Il marchingegno di Young è raffigurato nell'immagine che segue.

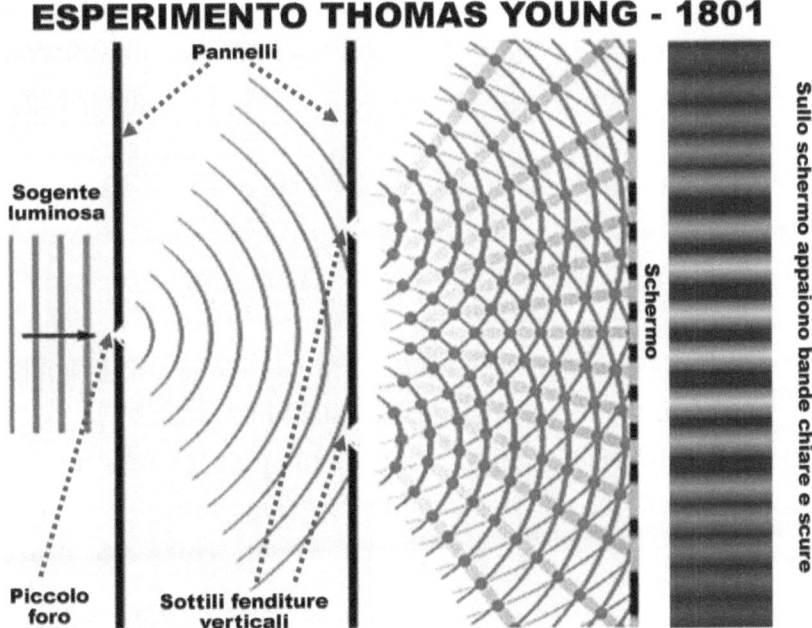

ESPERIMENTO THOMAS YOUNG - 1801

Pannelli

Sogente luminosa

Piccolo foro

Sottili fenditure verticali

Schermo

Sullo schermo appaiono bande chiare e scure

Meraviglia delle meraviglie, invece delle due righe, Young trovò sulle schermo una serie di bande chiare e scure in una sequenza come appare nell'immagine.

Si trattava del risultato della sovrapposizione della luce proveniente dalle due fenditure che noi oggi definiamo "interferenza" e che dimostrava chiaramente come si stesse verificando un fenomeno possibile solo fra onde e non certo fra corpuscoli.

Fu così che per tutto il diciannovesimo secolo nessuno più dubitò della realtà ondulatoria della luce e di tutte le onde elettromagnetiche fino a che, e con nuova e grande meraviglia, nuovi esperimenti rimisero in gioco la realtà corpuscolare della luce.

E' infatti con Planck e l'anno 1900 che nasce quella che oggi chiamiamo Meccanica Quantistica in forza di un esperimento che dimostra come l'emissione e l'assorbimento della luce da parte della materia avvenga per quantità discrete, appunto i quanti di energia o fotoni e quindi dimostrando l'aspetto corpuscolare della luce.

Siamo ancora lontani da quel 1924 quando lo scienziato francese Luis de Broglie per primo proporrà la dualità onda-corpuscolo della luce, ben lontana da una logica della fisica classica imperante all'inizio del 1900.

Vediamo l'esperimento che indusse Planck, torto collo, a dover ammettere la corpuscolarità della luce.

Il tutto nasce dall'utilizzo di un particolare strumento adottato nel secolo precedente per studiare il fenomeno dell'irraggiamento, strumento che venne chiamato **"corpo nero"**.

Un corpo si dice "nero" quando assorbe tutta la radiazione incidente su di esso; il nome è sicuramente appropriato perché tali oggetti non riflettono la luce ed appaiono di colore nero quando la temperatura è sufficientemente bassa per impedire che brillino anche di luce propria.

Va subito detto che un vero corpo nero in natura non esiste; ogni corpo, per quanto scuro, un po' di energia la disperde e quindi non potrà mai assorbirla proprio tutta, ma gli scienziati idearono un sistema per approssimarsi all'effetto del corpo nero ideale .

L'importanza dei corpi neri nella termodinamica consiste nel fatto che indipendentemente dalla materia con cui sono fatti, tutti emettono la stesso particolare spettro, appunto definito "radiazione di corpo nero".

Ma cos'è lo spettro di un'onda elettromagnetica? Qualcuno lo definisce "la carta d'identità delle radiazioni elettromagnetiche" e credo non vi sia miglior definizione.

Più scientificamente lo spettro è l'esame del "sangue" di un'onda elettromagnetica realizzata a distanza, esame che fornisce tutte le grandezze dell'onda come frequenza, ampiezza, temperatura, ecc..

In astrofisica lo spettro delle radiazioni emesse dalle stelle è confrontabile con lo spettro della radiazione di corpo nero per cui la radiazione di corpo nero viene utilizzata come campione per studiare lo spettro di emissione delle stelle e scoprirne la composizione e la temperatura.

Anche il nostro Sole emette la sua ampia gamma di radiazioni elettromagnetiche e già dalla fine del secolo XIX dal relativo spettro se ne era potuta dedurre la composizione chimica e la temperatura superficiale.

In un corpo nero lo spettro dipende solo dalla temperatura del corpo nero stesso ed è indipendente dalla forma o dal materiale di cui è costituito e quindi può essere utilizzato come spettro universale di riferimento.

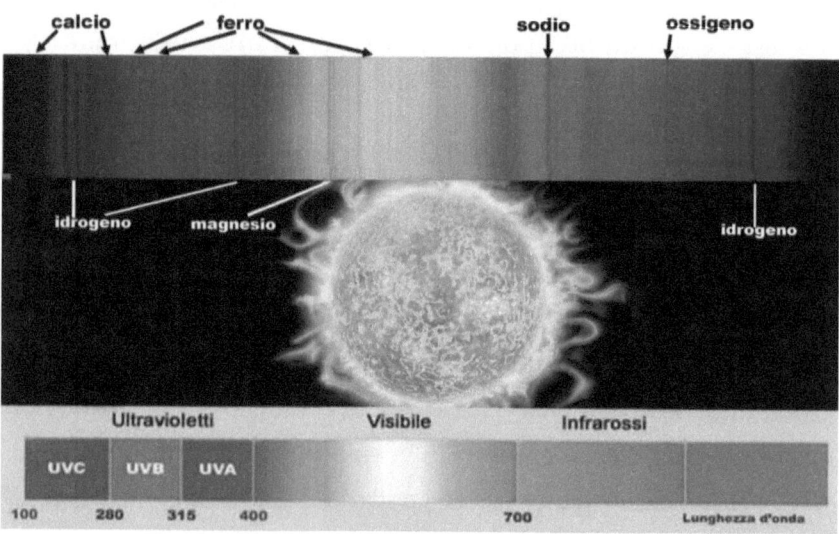

SPETTRO DEL SOLE

Nella pratica sperimentale si simula un corpo nero utilizzando un contenitore chiuso, ad esempio una sfera, in modo che la luce che entra nella sfera attraverso un piccolo foro rimanga intrappolata ed assorbita interamente dalle pareti nere trasformandosi tutta in calore e quindi in aumento della temperatura delle pareti.

In pratica si ottiene un assorbimento totale quasi perfetto, per poi essere riemesso sotto forma di radiazione termica rilevabile da un piccolo foro con un certo spettro che dipende solo dalla temperatura e non dal contenitore.

L'osservazione dell'emissione da un corpo nero come quello dell'immagine che segue avviene attraverso il piccolo foro praticato nell'involucro potendosi così campionare la radiazione interna con tutte le sue frequenze.

CORPO NERO

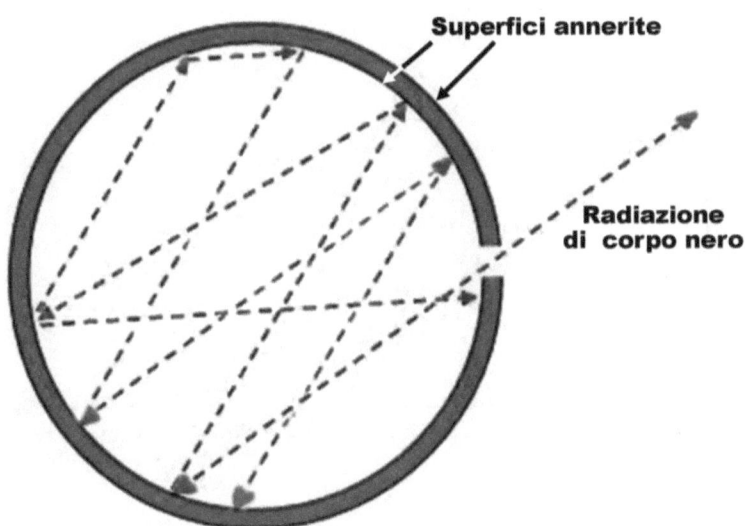

Lo scienziato tedesco Gustav Kirkhhoff, grande genio della spettroscopia ottica, con le sue famose tre leggi descrisse il comportamento dell'emissione elettromagnetica dei corpi riscaldati, contribuendo in modo determinante alla spiegazione del comportamento del corpo nero e quindi al suo utilizzo come riferimento per l'analisi degli spettri emessi da qualsiasi corpo.

Capì come la banda e l'intensità della radiazione elettromagnetica che si veniva a produrre all'interno del corpo nero non dipendessero dalla sua forma o dal materiale con cui era costruito, ma solo dalla temperatura.

Importante, con una delle sue tre leggi stabilì come la relazione fra la temperatura del corpo nero e la lunghezza d'onda della radiazione emessa attraverso il foro fosse "pulita", nel senso che non conteneva altri elementi spuri.

SPETTRO DI CORPO NERO

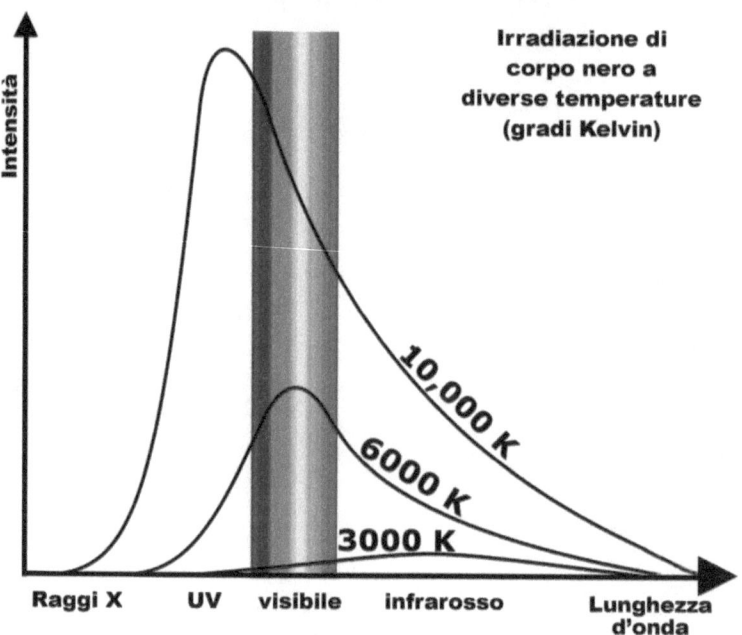

Definito il comportamento del corpo nero vediamo i passi che portarono Planck nel 1900 a dimostrare la quantizzazione della luce, scoperta che gli valse il premio Nobel nel 1918.

Utilizzò proprio quello che abbiamo definito "corpo nero", cioè quell'entità teorica in grado di assorbire e riemettere tutta l'energia della luce incidente.

La teoria classica applicata al corpo nero portava all'assurda conclusione di un aumento infinito dell'intensità della radiazione emessa dal corpo nero all'aumentare della frequenza, della radiazione, fatto che ovviamente non poteva essere vera.

Planck giunse a questo risultato proprio ragionando intorno al corpo nero nell'ipotesi che la radiazione fosse solo un'onda e non un qualcosa costituito da corpuscoli come si riteneva nel passato.

Con la quantizzazione della luce si superavano i principi dell'elettromagnetismo classico che riteneva come questo processo avvenisse appunto in modo continuo.

Planck realizzò un oggetto simile ad un corpo nero teorico con le pareti interne annerite per assorbire tutte le possibili radiazioni e ne misurò l'emissione dal piccolo foro d'uscita.

Va premesso che erano falliti tutti i tentativi che avevano provato a descrivere matematicamente l'andamento dell'energia del raggio di luce in uscita con la fisica classica sfruttando le leggi dell'elettromagnetismo di Maxwell e le leggi della termodinamica nota.

In pratica si rilevava lo spettro dal foro confrontandolo con le teorie esistenti che prevedevano risultati fortemente in contrasto con le misure, addirittura la teoria voleva l'assurdità che aumentando la frequenza l'energia emessa dovesse tendere all'infinito.

Planck capì che per risolvere quella contraddizione occorreva uscire dalle teorie ondulatorie ed introdurre un nuovo modello che considerasse la luce composta da singoli pacchetti di energia, i **quanti**, e che ogni pacchetto seguisse una legge di proporzionalità tra la propria energia e la frequenza.

In altre parole Planck verificò come gli atomi assorbono ed emettono radiazioni per quanti di energia indivisibili e il contenuto di energia di ogni pacchetto, oggi detto fotone, è direttamente proporzionale alla frequenza secondo la relazione di Planck:

$$\mathbf{E = h \times \nu}$$

dove:

E = energia del quanto di luce

ν = frequenza

h = costante universale nota come costante di Planck

Inoltre Planck ha potuto verificare come la superficie del corpo nero, prima di poter emettere una radiazione e quindi un **quanto o fotone**, dovesse aver ricevuto almeno l'energia sufficiente per generare quel fotone, altrimenti nessuna emissione di energia diventava possibile: l'emissione quindi aveva un minimo possibile che la fisica classica non contemplava confermando ancora una volta la necessità della quantizzazione della luce.

Le spiegazioni teoriche fornite allora da Planck furono ben lontane da quanto noi oggi sappiamo; è evidente che nel pensiero classico l'esperimento di Thomas Young che dimostrava come la luce fosse di tipo ondulatorio fosse in totale contraddizione con l'esperimento di Planck che ne forniva una natura corpuscolare.

Come potevano allora immaginare che la luce potesse essere contemporaneamente onda o corpuscolo? Ci volevano altri 20 anni per convincersene.

Anche se Planck non era riuscito a costruirne una spiegazione teorica verificabile, resta il fatto di come quella semplice equazione, che comprende la costante "h" abbia posto le fondamenta ad una nuova fisica che nel secolo scorso poi prese il nome di **Meccanica Quantistica**.

Effetto fotoelettrico

Nel 1905, ad aprire una finestra sugli irrisolti problemi lasciati da Planck, irrompe impetuoso sulla scena Albert Einstein.

Questo grande scienziato, ai più noto per le sue teorie della relatività, proprio nel 1905 all'età di 26 anni e dopo aver pubblicato la sua prima teoria della relatività, pubblicò sulla rivista scientifica tedesca Annalen der Physik un articolo sull'effetto fotoelettrico.

Ai suoi tempi era ben noto il fenomeno di certi metalli che sotto l'effetto di una radiazione elettromagnetica incidente emettevano degli elettroni.

Pareva proprio che l'onda riuscisse misteriosamente a strappare dal metallo gli elettroni liberi. Fenomeno che trae origine proprio dalla quantizzazione della luce scoperta da Planck.

Questo effetto fotoelettrico, seppure ampiamente noto, non trovava una spiegazione, non si capiva come un'onda potesse interagire con un metallo.

Molte furono le prove effettuate per misurare questo effetto, ma una particolare: realizzata nel 1902 dal fisico tedesco Philippe Lenard, cominciò ad aprire il velo di quello strano comportamento dei metalli.

Lenard condusse un sofisticato esperimento traendone una serie di dettagliate misurazioni che poi daranno ad Einstein il modo di inquadrarle nella sua teoria sulla fotoelettricità

L'immagine che segue riporta l'esperimento di Leonard realizzato inserendo in una boccia di vetro ermeticamente sigillata due piastre metalliche affacciate ed in cui era stato fatto un vuoto spinto.

Le due piastre erano collegate all'esterno ad una batteria e non scorreva alcuna corrente nel circuito fino a che una delle piastre non veniva colpita da una radiazione luminosa.

1902 - ESPERIMENTO DI LENARD

Gli elettroni emessi dipendono solo dalla lunghezza d'onda della luce e NON dalla sua intensità

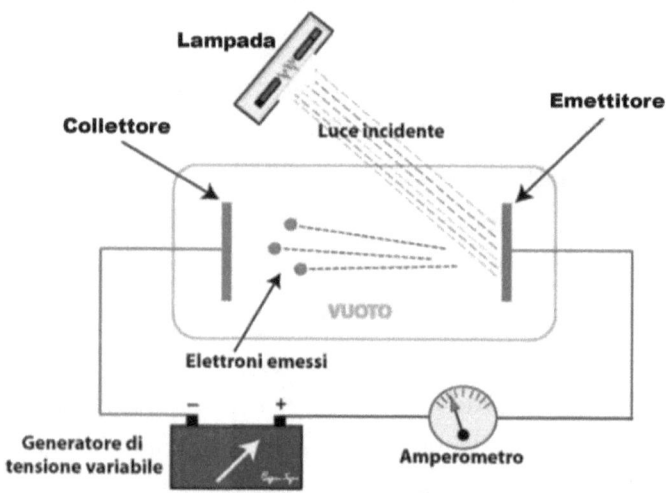

In questo esperimento **Lenard verificò che l'energia degli elettroni emessi dal catodo era indipendente dall'intensità della luce incidente, ma che quell'energia dipendeva solamente dalla frequenza della luce incidente.**

Oltre ad una certa lunghezza d'onda verificò anche che l'emissione di elettroni si annullava e che, stranamente, al di sotto di una certa lunghezza d'onda invece l'emissione non si annullava, anche con bassissime intensità luminose.

In pratica l'efficacia dell'emissione di elettroni aumentava sensibilmente con le alte frequenze in accordo con la teoria di Planck vista nel capitolo precedente dove si dimostrava come l'energia trasportata da un fotone fosse proporzionale alla sua frequenza.

Einstein interpretò nel modo corretto questo risultato e nel suo articolo del 1905 descrisse con le giuste equazioni lo scambio energetico tra un fotone incidente su un metallo ed un elettrone della piastra dell'esperimento di Lenard.

L'elettrone è infatti in grado di staccarsi dalla piastra emettitrice quando l'urto avviene con un fotone opportunamente energetico che gli cede una sufficiente energia cinetica per fare il salto fuori dal metallo.

Questa forza, per far scattare fuori un elettrone, doveva avere un minimo valore al di sotto del quale l'elettrone se ne sarebbe rimasto fermo nel metallo.

Ricordando l'equazione $\mathbf{E = mc^2}$ che lega l'energia alla massa ed al quadrato della velocità della luce, e che in base all'equazione di Planck l'energia trasportata da un fotone è proporzionale alla frequenza della luce, si spiegava come mai aumentando la frequenza della luce aumentassero gli elettroni estratti.

Einstein creava così una nuova teoria, che a buon diritto oggi possiamo definire quantistica, sulle interazioni corpuscolari e sui giochi energetici che ci girano attorno, da lui ben precisati in modo impeccabile con le sua matematica.

EFFETTO FOTOELERTTRICO - Einstein 1905

Gli elettroni emessi dal metallo vengono estratti dai fotoni incidenti
che cedono la loro energia quantizzata agli elettroni degli atomi

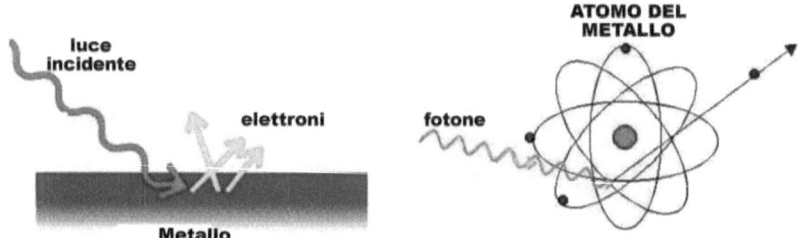

Einstein spiegava così l'effetto fotoelettrico e contemporaneamente forniva un'ulteriore prova della quantizzazione della luce sperimentata da Planck.

E' proprio per aver spiegato l'effetto fotoelettrico che Einstein conseguirà il premio Nobel nel 1921.

Modello atomico di Bohr

Con i capitoli precedenti abbiamo potuto apprendere come proprio all'inizio del secolo scorso si sia cominciato a percorrere il binario della moderna Meccanica Quantistica.

Fu allora che non solo si comprese, ma si definirono anche i modelli matematici per l'interpretazione del movimento dell'elettrone e del fotone, sia nello spazio vuoto e sia interagendo con la materia.

I tempi erano maturi perché i fisici penetrassero la conformazione ancora misteriosa della materia nel suo più profondo microcosmo, avvicinandosi a come fosse fatto l'atomo fondamentale che il filosofo greco Democrito aveva presagito 2.500 anni prima.

Risale allo scienziato danese Niels Bohr l'onore di aver per primo proposto una configurazione funzionale dell'atomo dandogli una aspetto planetario come ancora oggi si insegna a partire dalle scuole elementari.

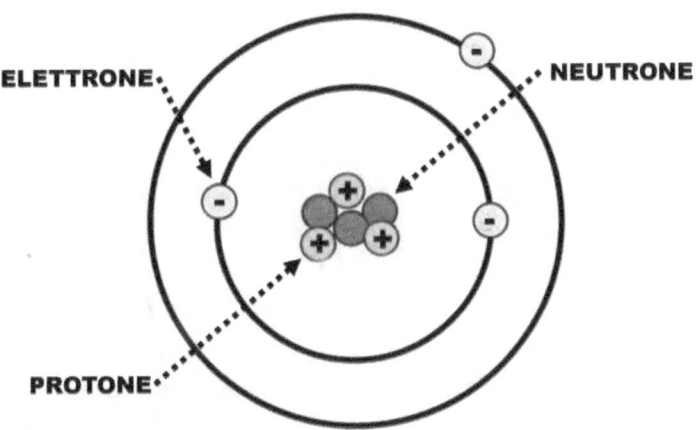

MODELLO ATOMICO DI BOHR

Si trattava di un passo estremamente importante e che gli valse il premio Nobel nel 1922.

Sia chiaro al lettore che siamo ancora lontani dal tempo in cui si formulerà la dualità onda-particella per i componenti fondamentali della materia e che Bohr dovette fare un grosso sforzo di fede per la sua intuizione che, semplificando molto, credeva in elettroni corpuscolari che ruotano all'infinito come palline intorno ad un nucleo positivo, senza caderci dentro.

La fisica allora nota presumeva che una carica in movimento dovesse sempre emettere energia sotto forma di onde elettromagnetiche e quindi Bohr dovette "postulare" che gli elettroni nel loro ruotare occupassero opportune orbite permesse e dalle quali l'emissione di fotoni avvenisse solo se gli stessi elettroni si spostavano da un'orbita permessa ad un'altra.

Oggi sappiamo che tutto è esatto, ma allora le risultanze sperimentali, pur confermando quel modello, non fornivano alcuna spiegazione sul perché di quello strano comportamento e Bohr al momento lo dette per scontato, prendendosi poi un bel premio Nobel.

Come giunse Bohr al suo credo? Semplicemente analizzando gli spettri di emissione e di assorbimento delle sostanze, spettri che allora la strumentazione consentiva di ricavare con precisione anche dall'analisi della luce emessa dalle stelle e confrontandola con lo spettro del corpo nero visto nei capitoli precedenti.

Ricordo che lo spettro di emissione di un elemento chimico è l'insieme delle frequenze della radiazione elettromagnetica che gli elettroni dei suoi atomi emettono quando saltano da un'orbita all'altra per effetto di un'eccitazione come il riscaldamento dell'elemento stesso.

Lo spettro emesso è unico per ogni tipo di elemento per cui, analizzando lo spettro della luce emessa da una stella, se ne riesce a ricavare la sua composizione. Questa tecnica prende il nome di spettroscopia.

E' con questa tecnica che analizzando lo spettro del Sole siamo stati in grado di determinarne la composizione e la temperatura come appare nella figura seguente.

SPETTRO DEL SOLE

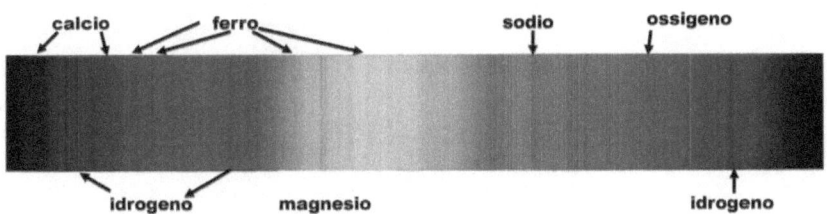

Questo potentissimo metodo di indagine a distanza della struttura della materia fu utilizzato dall'astronomia di allora e fu ampiamente studiato dallo scienziato neozelandese, naturalizzato inglese, Ernest Rutherford e premio Nobel nel 1908.

Rutherford, prima di Bohr, propose un struttura atomica per giustificarne le emissioni, struttura dimostratasi inadeguata e poi perfezionata da Bohr.

Più oltre scopriremo come gli scienziati riescano a dedurre la composizione di una stella anche lontanissima scomponendone la luce con appositi strumenti, detti spettrometri, e confrontandone i risultati con lo spettro di corpo nero visto in precedenza.

Per ora seguiamo le orme di Bohr e approfondiamo meglio il suo modello che, seppure superato dalle formulazioni della Meccanica Quantistica, rimane comunque largamente sufficiente per spiegare come funziona l'atomo e, importante, farne i calcoli che lo descrivono in buon accordo con le prove sperimentali.

Limitandoci al più semplice atomo, quello dell'idrogeno, di cui conosciamo tutti i parametri e che è il più facile dei sistemi quantistici essendo costituito da un solo protone con carica positiva al centro ed un elettrone caricato negativamente che gli gira velocemente intorno.

ATOMO DI IDROGENO

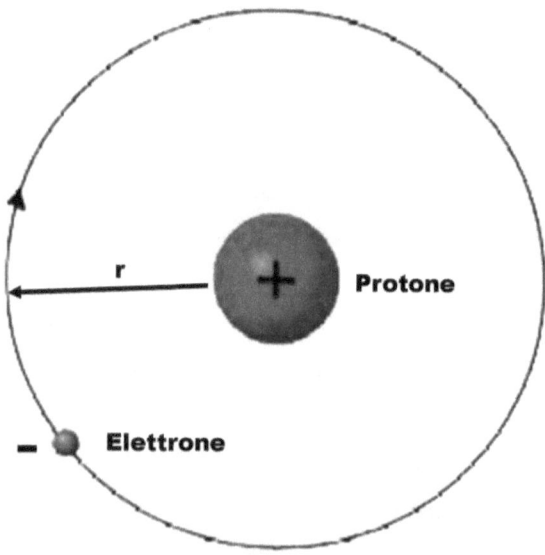

Attenzione, il modello planetario di Bohr non corrisponde all'atomo quantistico che poi altri scienziati individueranno.

L'elettrone non è una pallina che ruota come un pianeta intorno al Sole, ma è un qualcosa di fumoso, un po' onda e un po' pallina a secondo come gli "gira", dipende da come lo guardiamo!

Vedremo di dipanare questo misterioso modo di comportarsi in un prossimo capitolo.

Sarà la matematica, e nel caso specifico, l'equazione d'onda di Schrödinger, ad afferrarlo nella sua strana realtà che al momento possiamo solo riportare, come recentemente fotografato.

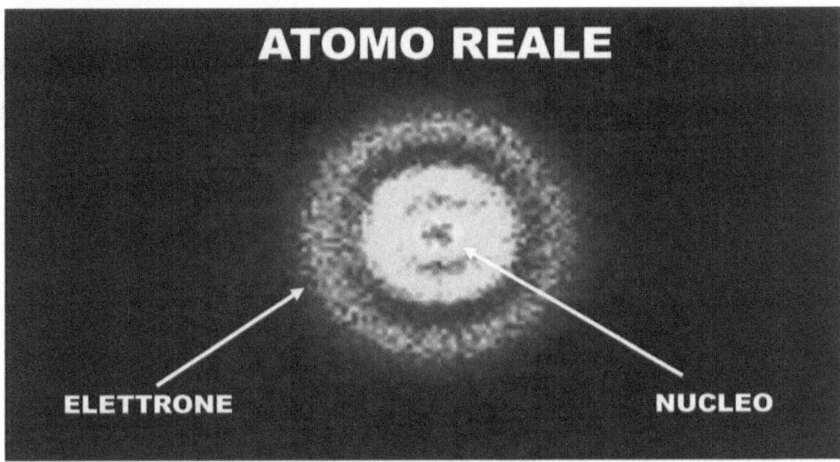

Siamo in un mondo veramente piccolo ed in cui le unità di lunghezze utilizzate sono:

1 picometro = 0,01 Ångström [Å]
1 nanometro = 1.000 picometri = 10 Ångström
Picometro = 10^{-12} metri

L'idrogeno è il gas più leggero esistente in natura, è infiammabile e costituisce la maggior parte della materia del nostro Universo. E' anche il principale carburante delle stelle, compreso il nostro Sole.

I suoi parametri principali sono:

Peso atomico: 1,00784 10^{-28} kg
Raggio atomico: 53 picometri (pm)
Configurazione elettronica: 1s1

Conducibilità termica: 0,1815 W/(m•K)
Energia di prima ionizzazione: 1312,06 kJ/mol
Ha due isotopi: deuterio e trizio

L'idrogeno è anche l'elemento più abbondante nell'Universo rappresentando il 75% della massa della sua materia.
La massa dell'atomo d'idrogeno coincide praticamente con la massa del protone essendo la massa dell'elettrone circa un millesimo di quella dell'elettrone.

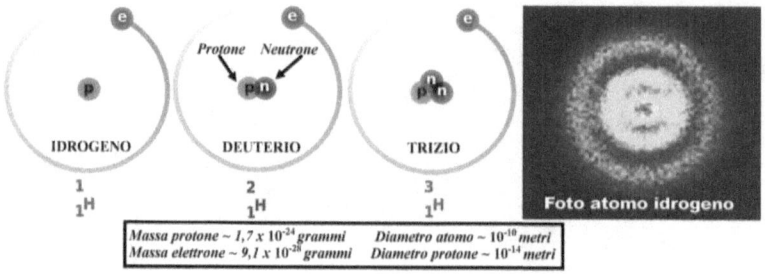

Occorre poi osservare come le proporzioni che solitamente si disegnano per raffigurare l'atomo siano lontanissime dalle dimensioni reali.

L'atomo è praticamente costituito da vuoto, infatti il diametro dell'atomo di idrogeno è 10.000 volte più grande del diametro del nucleo quindi, se si creasse un modello proporzionato dell'atomo di idrogeno mettendo al centro una palla di 10 cm di diametro, l'elettrone dovremmo porlo a 500 metri di distanza!

Questo spiega come mai una stella di neutroni di massa 1,4 volte quella del Sole se compressa a formare una stella di neutroni costringendo gli elettroni dell'atomo di idrogeno ad infilarsi nel nucleo trasformandolo in un neutrone ed eliminando lo spazio vuoto tra elettrone e nucleo, la stella risultante avrebbe un diametro di qualche decina di chilometri (ricordo che il diametro del Sole è pari a un milione e 400 mila chilometri).

Detto quanto sopra, passiamo ad analizzare quanto il nostro bravo danese abbia intuito e poi formulato nel 1913 al riguardo della configurazione dell'atomo, sfruttando le varie ricerche e gli esperimenti dei venti anni precedenti.

Osservando il semplice spettro a righe dell'idrogeno nella luce visibile era impossibile spiegarne l'origine mediante la fisica classica.

Mettendo insieme le emissioni radioattive di certi elementi, la quantizzazione dell'energia radiante operata da Planck, gli esperimenti di Lenard, la fotoelettricità e l'incompletezza dell'atomo di Rutherford, Niels Bohr compì un salto logico degno di un avventuriero della scienza.

Bohr riunì tutti quei fenomeni che non avevano ancora una spiegazione coerente e ne trasse tre leggi, che sarebbe meglio chiamare ipotesi, che nella loro semplicità rendevano coerentemente spiegabili le risultanze sperimentali.

Attenzione, questo processo logico è normale nel procedere della scienza: Einstein, valutati vari esperimenti dei suoi predecessori, suppose che la velocità della luce fosse una costante universale, vi costruì sopra un fantastico castello matematico che regge ancora oggi. Se qualcuno verificasse che la velocità della luce nel vuoto non fosse costante, allora il castello dovrebbe essere modificato.

Nel caso di Bohr le sue ipotesi si dimostreranno presto non esattamente vere, ma una sufficiente approssimazione per molte applicazioni, per cui il premio Nobel se lo è meritato.

SPETTRO DELL'ATOMO DI IDROGENO

Mostra tre ben precise righe nel visibile sia nello spettro di emissione che in quello di assorbimento

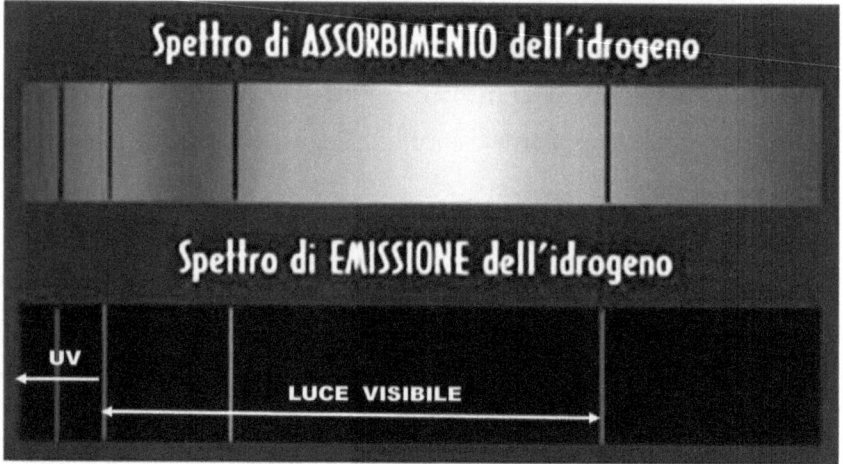

Bohr cominciò considerando lo spettro dell'atomo di idrogeno che, eccitato da qualche forma di energia, mostra nel suo spettro ben precise righe a specifiche lunghezze d'onda e questo sia in fase di assorbimento e sia in fase di emissione.

Il suo predecessore Rutherford non era stato in grado di spiegare quelle righe spettrali discontinue per cui era chiaro che occorreva fare ipotesi non classiche per spiegarle.

Occorreva in altre parole lasciar perdere la radicata idea di fenomeni "continui" e di considerare come il mondo atomico potesse essere governato da leggi di tipo "non continuo".

Fu così che Bohr sviluppò le sue 3 ipotesi che una volta applicate all'atomo gli permisero non solo di tener conto di quanto gli esperimenti riportavano, ma anche a far di conto e quindi descrivere quei fenomeni matematicamente.

Le 3 ipotesi partono proprio dall'idea che l'energia fosse quantizzata e che quindi questa venisse assorbita ed emessa dagli atomi a pacchetti dando inizio ad una nuova era nello studio dell'atomo.

VEDIAMO IN DETTAGLIO QUESTE 3 IPOTESI

Planck nel 1900 con i suoi esperimenti sul corpo nero aveva dimostrato come gli scambi energetici della luce avvenissero per quanti, i fotoni. Bohr immaginò che anche nell'atomo si potesse verificare una forma di quantizzazione dell'energia posseduta dagli elettroni.

Così come nel corpo nero la temperatura riusciva ad attivare l'emissione di fotoni, analogamente anche la temperatura o un' altra forma di energia, poteva stimolare gli elettroni all'interno di un atomo.

Cessata l'eccitazione e quindi l'acquisizione di energia da parte degli elettroni questi, ritornando allo stato iniziale, rilasciavano l'energia acquisita dando origine ad una ben precisa radiazione luminosa e questo spiegava le righe di emissione dell'atomo di idrogeno.

Bohr propose inoltre che gli elettroni ruotassero intorno al nucleo su orbite circolari dotate di un preciso momento angolare dato dal prodotto massa x velocità x raggio dell'orbita (= mvr) e che questo momento fosse quantizzato in multipli interi di una quantità pari a $nh/2\pi$ dove "n" è un numero pari ed intero. Questa "intuizione costituisce il:

PRIMO POSTULATO DI BOHR

$$mvr = nh/2\pi$$

dove **mvr** è il momento angolare dell'elettrone (massa per velocità per raggio), **n** un numero intero ed **h** la costante universale di Planck.

Questa quantizzazione non era il risultato di un calcolo matematico, ma una intuizione derivata dagli esperimenti e quindi senza ancora una base teorica.

Nasceva così una forte contraddizione con l'elettromagnetismo classico e con la descrizione matematica del campo elettromagnetico enunciata da Maxwell nel 1864 e che si era dimostrata corretta in un gran numero di esperimenti.

Secondo quella teoria una carica elettrica in movimento deve generare un campo elettromagnetico e cedere energia. Se questo fosse vero anche nell'atomo l'elettrone ruotante dovrebbe cadere nel nucleo in frazioni infinitesime di tempo. Di fronte a questa ovvia contraddizione, il buon Bohr "tagliò le corna al toro" e aggiunse un secondo postulato.

SECONDO POSTULATO DI BOHR

L'elettrone ruota in un'orbita circolare conservando sempre la propria energia. Questa energia varia solo se l'elettrone salta da un'orbita all'altra.

TERZO POSTULATO DI BOHR

Se l'elettrone viene eccitato fornendogli un quanto di energia, l'elettrone l'assorbe e salta in un'orbita con energia superiore alla precedente. Quando poi l'elettrone ritorna nell' orbita iniziale, riemette il quanto di energia assorbito sotto forma di radiazione luminosa e nella quantità:

$$E = h\nu$$

dove **h** è la costante di Planck e **ν** è la frequenza.

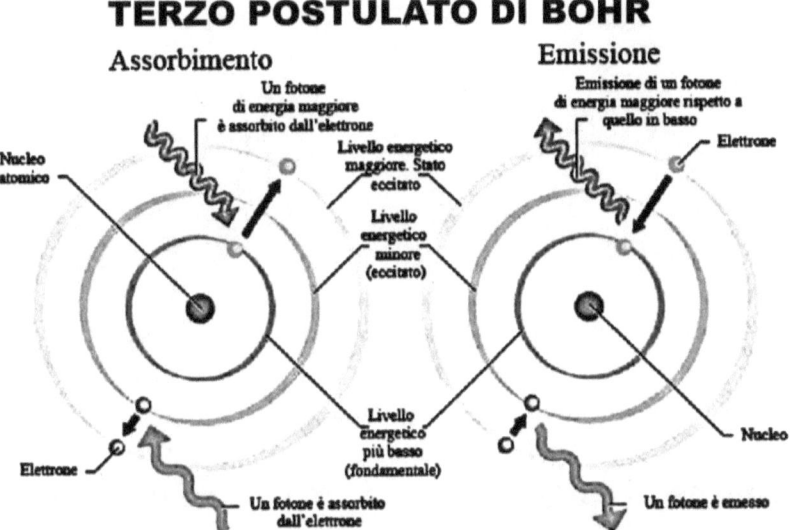

Questo terzo postulato fornisce una spiegazione quantitativa delle righe spettrali dell'atomo di idrogeno, cioè l'emissione del quanto di luce come conseguenza della differenza tra due livelli di energia.

$$E2 - E1 = h \times \nu$$

La figura che segue riassume le 3 ipotesi, o postulati, di Bohr.

LE 3 IPOTESI DI BOHR PER L'ATOMO

IPOTESI 1

Elettroni descrivono orbite circolari con momenti angolari multipli interi (mvr=nh/2π)

ELETTRONE

NEUTRONE

PROTONE

IPOTESI 2

Gli elettroni, orbitando, conservano sempre la loro energia

E1

E2

IPOTESI 3

Gli elettroni emettono o assorbano quanti di energia saltando da un'orbita all'altra

FOTONE

La prossima immagine illustra la struttura dello spettrografo e come riesca ad estrarre lo spettro a righe dell'atomo di idrogeno che tanto ha ispirato il nostro geniale Niels Bohr.

GENERAZIONE SPETTRO ATOMO DI IDROGENO

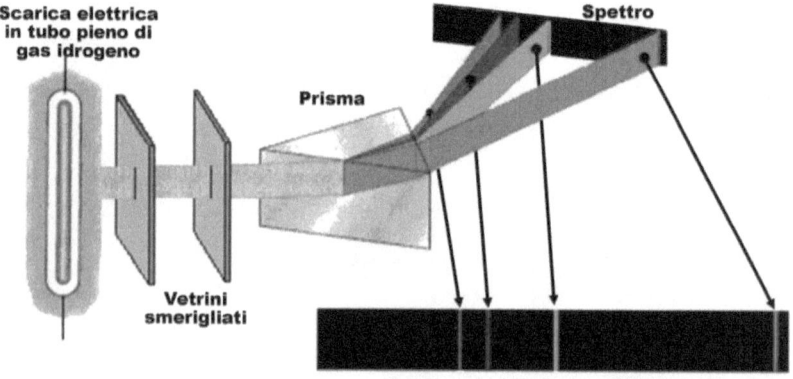

Scarica elettrica in tubo pieno di gas idrogeno

Prisma

Spettro

Vetrini smerigliati

3 righe nel visibile, 1 nell'ultraviola

Prima di procedere verso la seconda fase della Meccanica Quantistica sviluppatasi in quella che sarà chiamata la "**scuola di Copenaghen**", vediamo come le tre ipotesi, o postulati, visti sopra, consentano, con semplici calcoli, di ottenere dei risultati pratici.

CALCOLO DELLE ENERGIE NELL'ATOMO DI BOHR

La bellezza delle tre ipotesi di Bohr unite alla sua intuizione di considerare l'atomo come un sistema planetario, consentono di applicarvi elementi di calcolo della meccanica classica senza scomodare le onde e le complesse equazioni differenziali.

Non siamo ancora nella ben più complessa situazione dell'ipotesi ondulatoria delle particelle che richiede ragionamenti statistici per descriverne la realtà, ma riusciamo ad afferrane la realtà matematica con una sufficiente approssimazione.

Riporto qui di seguito quei calcoli con cui Bohr riuscì a verificare la sua intuizione confrontandola con le prove sperimentali e, cosa non da poco, per questo, meritare il premio Nobel nel 1922. Se "Z" è il numero atomico e quindi il numero di elettroni e di protoni di un atomo, ed "e" la carica elettrica, positiva per il protone e negativa per l'elettrone, la carica totale del nucleo dell'atomo risulta pari a:

Z×e

L'attrazione tra carica elettrica positiva e negativa (legge di Coulomb) è pari al prodotto delle cariche diviso per il quadrato della distanza tra le cariche stesse. Quindi la forza che attrae l'elettrone verso il nucleo è:

$(Ze×e)/ r^2$

*dove **r** è il raggio dell'orbita dell'elettrone.*

Ricordando che in base alle ipotesi di Bohr l'elettrone non cade nel nucleo per cui possiamo supporre che l'attrazione verso il nucleo venga compensata da una forza centrifuga la cui formula nella meccanica classica risulta essere:

$m×v^2/r$

*dove **m** è la massa dell'elettrone e **v** la velocità di rotazione dell'elettrone intorno al nucleo.*

Quindi, per equilibrarsi, la forza di attrazione e quella centrifuga devono essere uguali, per cui possiamo scrivere:

$Ze \times e / r^2 = mv^2 / r$

da questa equazione si calcola il raggio dell'orbita dell'elettrone:

$r = Ze^2 / mv^2$

ma la prima ipotesi di Bohr afferma che gli elettroni compiono orbite con momento angolare quantizzato pari a "$nh/2\pi$" in multipli interi di "n" e dove "h" è la costante di Planck, per cui possiamo scrivere:

$mvr = nh/2\pi$

per quanto sopra possiamo calcolare la velocità:

$v = nh/2\pi \, m \, r$

dalle espressioni precedenti possiamo infine ricavare il raggio dell'orbita dell'elettrone come segue:

$r = n^2 h^2 / 4\pi^2 m z e^2$

E qui sta il merito dello scienziato nell'aver impostato tre ipotesi la cui applicazione, con il semplice calcolo appena visto, forniscono i vari raggi delle orbite degli elettroni che ruotano intorno al nucleo, raggi poi verificatesi validi sperimentalmente.

*In questa formula il numero "n" può solo assumere numeri interi e viene definito "**Numero quantico principale**".*

Grazie a questa semplice matematica, Bohr riuscì a calcolare il raggio dell'orbita dell'elettrone dell'idrogeno che risultò pari a:

0,528 Angstrom = 528 picometri

E l'equazione che fornisce l'energia totale dell'elettrone risulta:

$E = -2\pi^2 Z^2 m e^4 / n^2 h^2$ cioè -1,602×10^{-19} Coulomb

Incompletezza della teoria di Bohr

Il modello dell'atomo di Bohr è uno tra tanti sviluppatosi nel tempo, ma sicuramente quello più popolare e diffuso nelle scuole per la sua chiarezza e "maneggevolezza" da parte degli studenti.

Ora dobbiamo procedere verso la sua evoluzione, anticipando nello schema che segue alcuni modelli storici.

EVOLUZIONE DEL MODELLO

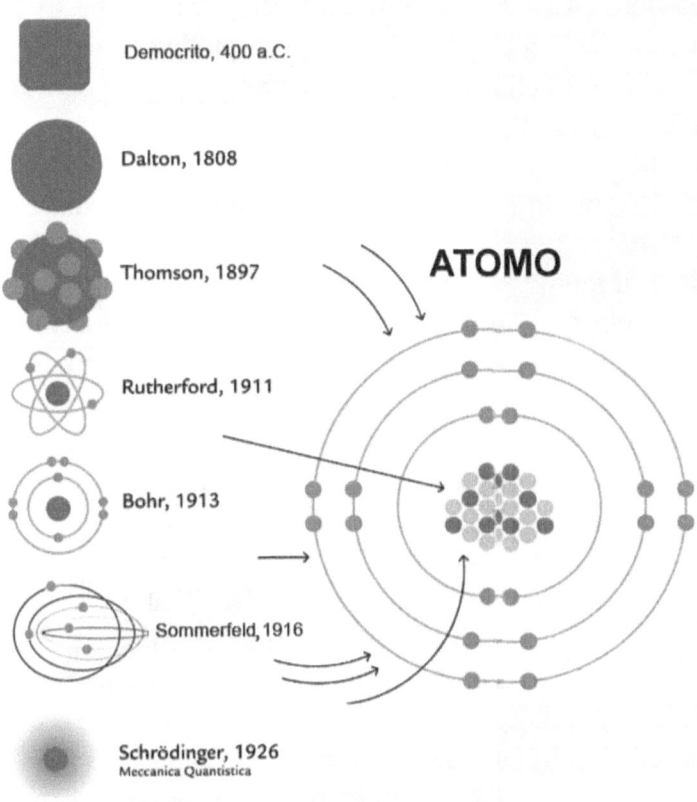

Spetta allo scienziato tedesco Wilhelm Sommerfeld, esperto di spettrografia, l'aver scoperto per primo alcune incongruenze del modello di Bohr.

Grazie ai nuovi e più potenti spettrografi, Sommerfeld verificò come le righe spettrali dell'atomo di idrogeno in realtà non fossero delle righe unite, ma erano costituite da più righe sottili e molto ravvicinate.

Bohr non riuscì a darne una spiegazione e fu proprio Sommerfeld nel 1916 a proporre come le orbite dell'elettrone non fossero circolari, ma ellittiche in cui il nucleo occupava uno dei fuochi degli ellissi, dando origine a quello spettro.

Il moto dell'elettrone ne risultava alquanto complicato e fu necessario scomporlo in due componenti, uno radiale ed una azimutale.

Un movimento del genere richiedeva la quantizzazione dei due componenti la cui somma, comunque, doveva fornire la quantità di moto totale dell'elettrone.

Ciò dava una spiegazione della struttura fine degli spettri in quanto ad ogni valore del livello fondamentale **n** si potevano far corrispondere dei sottolivelli **k** ed **r** che davano origine a nuove righe spettrali se l'atomo veniva eccitato.

Un'altra incongruenza del modello atomico di Bohr si verificava analizzando gli spettri di elementi più pesanti dell'idrogeno ed in modo particolare con metalli alcalini.

Lo stesso Bohr ammetteva che il suo modello non spiegasse molti comportamenti atomici, ma che riuniva fenomeni fino ad allora scollegati fra di loro in un quadro consistente con la quantizzazione dei livelli e grazie a questo si deducevano una notevole quantità di risultati sperimentali.

Diventava poi sempre più problematico spiegare i legami chimici la cui origine avrebbe dovuto farsi risalire all'atomo e questo portava gli scienziati impegnati a capirne il funzionamento e quindi sempre più il modello Bohr risultava inadeguato.

Non solo, praticamente tutti i modelli pensati compreso il modello Bohr-Sommerfeld, il più avanzato allora, oltre un certo limite contraddicevano gli esperimenti.

Sarà la nuova Meccanica Quantistica che col suo prorompente intervento a partire dall'intuizione di Luis de Broglie del 1924 con l'ipotesi della dualità onda-particella demolirà il concetto di traiettoria per una particella microscopica e il concetto di orbita elettronica, come fino ad allora era intesa, dandole un nuovo significato.

Il grande valore del lavoro fatto fino ad allora rese comunque un servigio fondamentale anche alla chimica, infatti quelle conoscenze portarono alla definizione della tavola periodica degli elementi di Mendeleev, ancora in uso oggi.

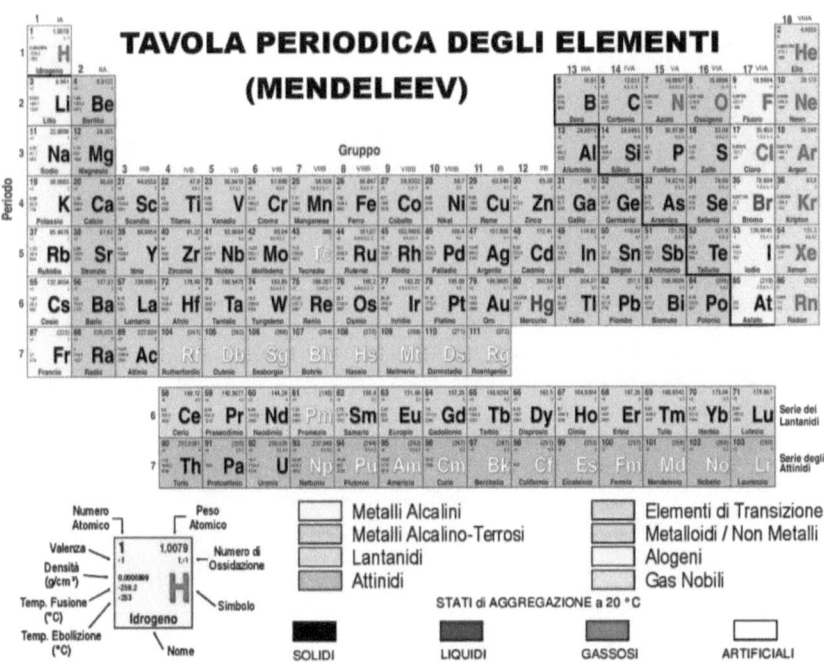

Alla base della tavola periodica moderna ci sta il numero degli elettroni dell'atomo che, come sappiamo, coincide con il numero di protoni nel nucleo.

In questa tavola gli elementi sono posti progressivamente in ciascun periodo da sinistra a destra secondo la sequenza dei loro numeri atomici e si incomincia una nuova riga dopo un gas nobile.

Il primo elemento nella riga successiva è sempre un metallo alcalino con un numero atomico più grande di un'unità rispetto a quello del gas nobile.

La nuova teoria dei quanti: i fondatori

Con questo capitolo entriamo nel vivo della moderna Meccanica Quantistica. Con il modello atomico di Bohr ed i suoi postulati si disponeva di un modello descrittivo dell'atomo che aveva dato i suoi frutti in termini di coerenza con gli esperimenti, ma la motivazione di come la natura nel suo profondo si comportasse in quel modo era tutt'altro che chiaro.

Il motivo per cui gli elettroni di un atomo occupassero alcune orbite e non altre era semplicemente postulato ed anche altre interazioni atomiche venivano spiegate assumendo che certi principi fossero veri perché gli esperimenti li confermavano.

La scienza pretendeva ben altre e più profonde spiegazioni e queste presto si sarebbero presentate grazie al lavoro di alcuni precursori della Meccanica Quantistica moderna come De Broglie, Schrödinger, Heisenberg, Dirac ed altri.

Fu proprio all'inizio degli anni venti del secolo scorso che si cominciò a ritenere come si dovesse abbandonare l'idea semplicemente planetaria del modello di Bohr ed uscire dal territorio della fisica classica, avventurandosi verso inesplorati modi di considerare la natura nel profondo del piccolissimo.

Si deve allo scienziato francese Louis de Broglie che nel 1924 ha proposto la prima ipotesi che vede l'elettrone come un'onda di una certa lunghezza spiegando così come per poter essere stabile quell'onda dovesse ruotare secondo numeri interi per non annullarsi sovrapponendosi.

Cominciava a chiarirsi la ragione profonda che aveva dato origine al postulato di Bohr relativo alle orbite permesse per l'elettrone.

Lo scienziato Schrödinger poi nel 1926 svilupperà la meccanica ondulatoria con la sua famosa equazione che modificherà in modo profondo il pensiero sul comportamento del mondo atomico aggiungendovi un contenuto probabilistico.

Detto questo, ecco la sequenza temporale degli eventi che analizzeremo nel seguito e che riguardano quel fecondo periodo iniziato negli anni venti del secolo scorso.

1924: Louis de Broglie elabora una teoria delle onde materiali, secondo la quale ai corpuscoli dotati di massa possono essere associate proprietà ondulatorie. È il primo passo verso la Meccanica Quantistica vera e propria.

1925: Wolfang Pauli Scienziato austriaco dedito allo studio della fisica atomica, introduce il suo "principio di esclusione".

1925: Werner Karl Heisenberg formula la meccanica delle matrici. e nel 1927 enuncia il principio di indeterminazione Inaugurando la cosiddetta interpretazione di Copenaghen.

1926: Erwin Schrödinger elabora la meccanica ondulatoria formulata con la sua famosa equazione d'onda. Si dimostrerà equivalente alla meccanica delle matrici di Heisenberg.

1927: Paul Adrian Maurice Dirac applica alla Meccanica Quantistica la relatività ristretta e fa uso della teoria degli operatori **bra** e **ket**.

1932: John von Neumann assicura rigorose basi matematiche alla formulazione della teoria degli operatori.

1940: Richard Feynman, Dyson, Schwinger e Tomonaga formulano l'elettrodinamica quantistica (**QED**).

1956: Everett propone l'interpretazione dei 'multi mondi'.

1960: comincia la lunga storia della cromodinamica quantistica (QCD).

1964: Peter Higgs pubblica il così detto "**meccanismo di Higgs**", anticipando l'esistenza del bosone che porta il suo nome.

1980: Peter Higgs, Jeffrey Goldstone, Sheldon Lee Glashow, Steven Weinberg e Abdus Salam, prendendo lo spunto da un lavoro di Schwinger, dimostrano che la forza debole e la **QED** possono essere unificate nella teoria **elettrodebole**.

1982: un gruppo di ricercatori dell'Istituto Ottico di Orsay, diretto da Alain Aspect, conclude con successo una lunga serie di esperimenti che mostrano una violazione della disuguaglianza di Bell, confermando dunque le previsioni teoriche della Meccanica Quantistica.

LOUIS DE BROGLIE – 1924

In una tesi di laurea de Broglie compiva un gigantesco passo oltre le teorie essenzialmente classiche che avevano costretto Bohr e gli altri scienziati a definire "postulato" la strana situazione degli elettroni del suo modello atomico.

Come visto in precedenza, l'assumere quel postulato era necessario per evitare che quel fruttuoso modello d'atomo stesse in piedi contraddicendo l'elettrodinamica nota che voleva che l'elettrone cadesse nel nucleo.

Non era stata trovata nessuna base teorica per sostenere quello strano comportamento, ma comunque il modello funzionava se si dava per scontato che così fosse e la storia rimase sospesa fino al 1924.

Nella sua tesi de Broglie associò l'aspetto corpuscolare dell'elettrone ad una radiazione elettromagnetica, aprendo la strada verso una concezione moderna della Meccanica Quantistica che considera il dualismo onda-particella per la prima volta.

Nasceva la seconda fase della Meccanica Quantistica che generalizzava il concetto di come ad ogni particella fosse associabile un comportamento ondulatorio e ad ogni onda un comportamento corpuscolare.

*Nella sua tesi il giovane scienziato 24enne propose l'equazione che prese il suo nome e che descrive le proprietà ondulatorie di una particella di massa **m**:*

$$\lambda = h/m \times v$$

*dove λ è la lunghezza d'onda, **h** la costante di Planck, **m** la massa della particella e v la velocità della particella.*

*Utilizzando l'equazione di de Broglie un elettrone con una lunghezza d'onda associata pari a 0,26 nanometri (nella regione spettrale blu-viola) a cui corrisponde una massa dell'elettrone pari a **9×10^{-31}** kg risulta avere una velocità pari a 280.000 km/sec, molto vicina alla velocità della luce (300.000 km/sec).*

La sperimentazione confermò come l'elettrone si comporti anche come onda, per cui veniva finalmente spiegato l'arcano dell'atomo di Bohr che postulava l'elettrone stabilmente gironzolare intorno al nucleo senza emettere energia e quindi senza cadervi dentro ed inoltre occupando solo particolari orbite consentite.

Infatti, poiché l'onda ruota intorno al nucleo, come vuole il modello dell'atomo di Bohr, la circonferenza dell'orbita deve corrispondere a un numero intero di volte la lunghezza d'onda dell'elettrone per far si che ad ogni rivoluzione le creste dell'onda vengano a trovarsi nella medesima posizione rinforzandosi, cioè essere un'onda stazionaria.

Al contrario, qualora la circonferenza dell'orbita non fosse un numero intero di volte la lunghezza d'onda dell'elettrone, ad ogni giro l'onda si cancellerebbe e quindi quelle orbite che non sono un numero intero di volte la lunghezza d'onda dell'elettrone non sono consentite.

De Broglie propose che le uniche orbite permesse fossero quelle che contenevano un numero intero di lunghezze d'onda dell'elettrone, una sorta di *onda stazionaria*

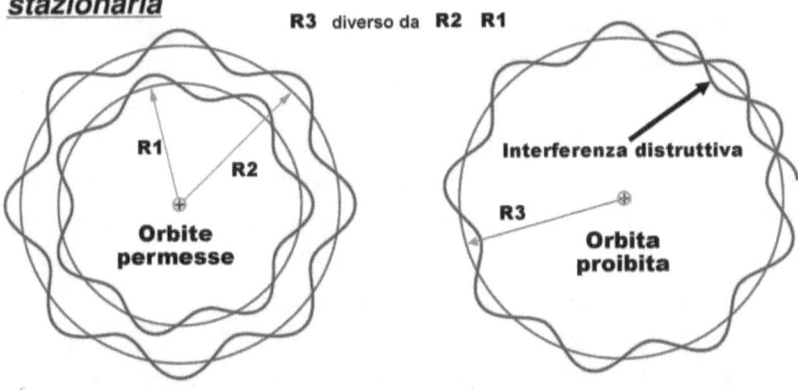

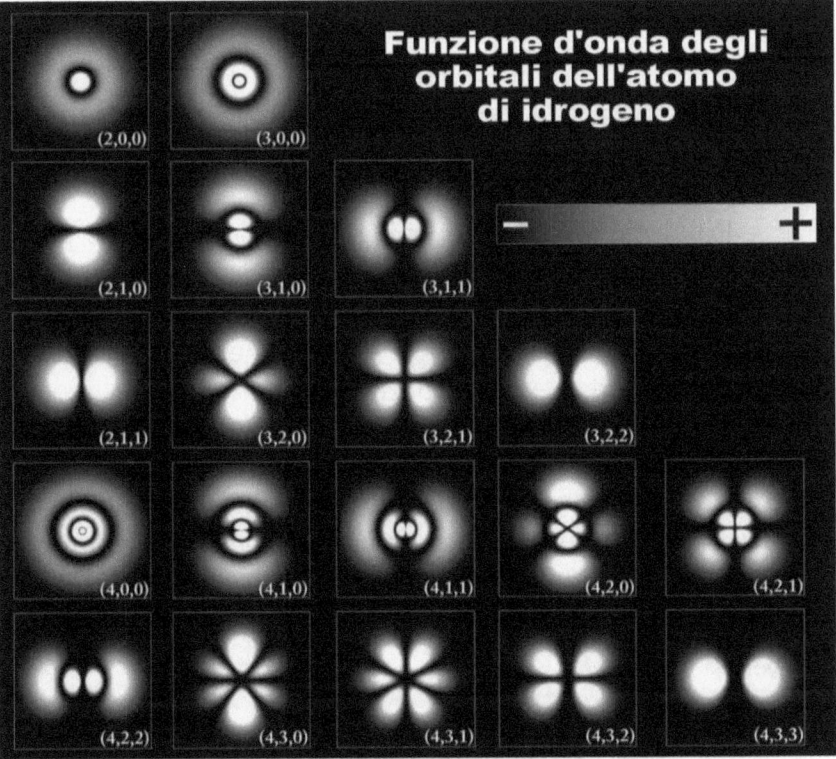

Concezione artistica delle funzioni d'onda che definiscono gli orbitali

WOLFANG PAULI - 1924

Scienziato austriaco dedito allo studio della fisica atomica, ha contribuito in modo fondamentale alla comprensione del funzionamento dell'atomo collaborando negli anni venti del secolo scorso con Niels Bohr .

Curiosa e da riportare, tra le sue tante citazioni, è quella che recita: "Quello che Dio ha separato, l'uomo non lo unisca!". Pauli si riferiva alla infruttuosa ricerca di unificare la Meccanica Quantistica con la teoria della relatività, riunificazione tentata fino ai giorni nostri ed ancora non riuscita.

Suo fondamentale contributo che gli valse il premio Nobel nel 1945 fu il "principio di esclusione" con cui ipotizzava dei limiti alla possibilità di occupare le orbite di un atomo da parte degli elettroni ed inoltre introdusse il quarto numero quantico di spin specifico dell'elettrone.

Il principio di esclusione afferma che due fermioni (elettroni, protoni e neutroni) non possono occupare simultaneamente lo stesso stato quantico.

Prima di procedere dobbiamo spendere qualche parola sui **numeri quantici** che in fisica quantistica caratterizzano i sistemi come gli atomi e le singole particelle.

Nel tempo si sono definiti molti numeri caratteristici del mondo atomico di cui i più importanti sono:

Numero quantico principale, o livello energetico
Numero quantico angolare, o momento angolare orbitale
Numero quantico magnetico, responsabile della geometria dell'orbita
Numero quantico di spin
Carica elettrica

Per la nostra disamina limitiamoci a considerare il solo elettrone che, come abbiamo visto, fa parte dei così detti fermioni, e che possiede le seguenti caratteristiche:

Numero quantico principale (n): assume i valori interi 0, 1, 2, 3, 4

massa = $9x10^{-31}$ kg

Carica elettrica = $-1,6x10^{-19}$ Coulomb

Raggio = 10^{-19} metri

Vita media = $4,6x10^{26}$ anni

Momento angolare di spin = $+1/2$ oppure $-1/2$

Momento magnetico = $9,3x102^{-24}$ Joule/T

Il principio di esclusione di Pauli fu originariamente formulato per spiegare la struttura della nube elettronica degli atomi con più elettroni.

Come sappiamo l'atomo di tutti gli elementi chimici è neutro, tanti protoni e tanti elettroni.

Il principio di esclusione di Pauli proibisce agli elettroni della nuvola di occupare lo stesso stato quantico, si noti bene, non la stessa orbita.

Un atomo di elio, per esempio, ha due elettroni ed entrambi gli elettroni possono occupare la stessa orbita, quella con energia più bassa (livello 1), purché abbiano spin opposti, cioè +1/2 e −1/2 che così non violano il principio di esclusione.

Inoltre si sa che lo spin può assumere solo due valori e quindi un terzo elettrone nella stessa orbita è escluso.

Nella scala degli elementi di Mendeleev dopo l'elio viene il litio, terzo elemento con numero atomico tre e quindi tre elettroni.

Nell'atomo di litio quindi il terzo elettrone deve occupare un'altra orbita, la numero due, come vuole il buon

Pauli, e così via per tutti gli elementi con numero atomico superiore.

Il principio di Pauli spiega la stabilità di tutti gli elementi e quindi anche di tutta la materia a partire dalle molecole.

Le molecole infatti sono composte da più atomi contigui che mantengono la loro stabilità proprio per il principio di esclusione di Puli: gli elettroni delle orbite più esterne dei loro atomi non possono invadere gli atomi contigui perché trovano orbite già occupate da elettroni e quindi la stabilità è assicurata.

WERNER HEISENBERG – 1925

Si deve a questo scienziato tedesco la prima formulazione coerente della Meccanica Quantistica denominata "meccanica delle matrici".

In realtà vi collaborarono anche Max Born e Pascual Jordan e sinteticamente con quel calcolo matriciale Heisenberg riuscì a descrivere i salti quantici degli elettroni negli atomi.

Famosa è una frase di Heisenberg che afferma come: "la fisica non sia una rappresentazione della realtà, bensì del nostro modo di pensare della realtà".

Heisenberg è più noto per il suo fondamentale contributo alla Meccanica Quantistica con il "**principio di indeterminazione**", mentre la sua meccanica delle matrici verrà presto abbandonata per la più semplice formulazione ondulatoria del contemporaneo Schrödinger.

La meccanica delle matrici, argomento complesso, rimane il primo passaggio formale verso la Meccanica Quantistica come la si intende oggi, che ha guidato Heisenberg nel suo sviluppo primordiale per cui è opportuno almeno un cenno.

Il punto di partenza della meccanica matriciale sta in una analisi critica della vecchia teoria dei quanti; Heisenberg si limita nella sua descrizione a considerare solo quantità fisicamente osservabili e lasciando perdere quelle non osservabili che possono, o devono, essere trascurate.

Anticipando quanto verrà poi concepito come principio di indeterminazione, Heisenberg osserva come, volendo effettuare una serie di misure sul raggio medio di un'orbita atomica utilizzando raggi X, anche la radiazione con la più piccola lunghezza d'onda, comunque turba l'orbita sotto osservazione per cui i risultati della misurazione non sono attendibili.

Ne concluse come fosse meglio abbandonare l'intera nozione di orbita dell'elettrone compiendo un passaggio logico veramente coraggioso!

Rifacendosi a precedenti teorie sulla diffusione della luce che utilizzavano metodi statistici, decise di descrivere i processi di emissione e di assorbimento su basi probabilistiche.

Per la sua costruzione formale partì dall'idea che fosse possibile ricostruire la posizione dell'elettrone solamente partendo dalle proprietà della radiazione emessa.

Da queste proprietà se ne possono dedurre ampiezza e frequenza per giungere infine alle righe di emissione ed assorbimento dello spettro.

Ne nacque un complesso calcolo matriciale con un contenuto alquanto ostico anche per i matematici le cui conclusioni risultarono paradossali.

Vale la pena citare la frase scritta allora all'amico Pauli dove Heisenberg affermava: "E' completamente impossibile che il mondo sia continuo e cosa significhino le parole onda e corpuscolo".

La sua matematica aveva aperto il grande portone della moderna fisica con tutta la sua intrinseca indeterminazione.

Nota sul calcolo matriciale.

Si tratta di una branca della matematica che si studia nei corsi scientifici superiori, dove si utilizzano come elementi di calcolo tabelle contenenti numeri o simboli. Con queste tabelle si compiono operazioni come siamo abituati fare con i numeri, con le funzioni e con i vettori. Quindi si moltiplicano, si sommano ecc. e si estende l'operatività del calcolo ad un gran numero di variabili contemporaneamente.

Le matrici sono molto utili in matematica perché consentono di semplificare le operazioni tra numerose quantità che trasformandole in tabelle di numeri o simboli possono essere trattate come singole entità. Il loro vasto utilizzo in tanti campo, dalla fisica all'informatica, dalla statistica all'intelligenza artificiale, ne dimostra ampiamente l'utilità.

Un esempio semplice di prodotto tra due matrici numeriche.

PRODOTTO DI 2 MATRICI NUMERICHE

$$3 \times 5 + 7 \times 3 + 6 \times 2 = 48$$

$$\begin{bmatrix} 1 & 3 & 2 \\ 3 & 7 & 6 \\ 4 & 2 & 1 \end{bmatrix} \cdot \begin{bmatrix} 5 & 4 & 8 \\ 3 & 5 & 9 \\ 2 & 4 & 4 \end{bmatrix} = \begin{bmatrix} \square & \square & \square \\ 48 & \square & \square \\ \square & \square & \square \end{bmatrix}$$

Come conseguenza delle sua teoria matematicamente espressa con la meccanica delle matrici, Heisenberg giunse a formulare il suo fondamentale "**Principio di Indeterminazione**", una intuizione semplice nella sua espressione, ma nel contempo profondissima per le sue conseguenze sulla nostra possibilità di comprendere la natura.

Il principio di indeterminazione stabilisce che la natura impone dei limiti alla nostra capacità di descriverla tramite le nostre leggi scientifiche.

Questo principio discende dal fatto che, per conoscere la posizione e la velocità di una particella in un certo istante e quindi calcolarne gli spostamenti futuri, dobbiamo conoscere in quell'istante esattamente sia la posizione e sia la velocità.

Heisenberg affermò che per farlo occorre proiettare un fascio di luce sulla particella per rilevare la posizione della particella. Ma la luce ha una sua lunghezza d'onda che quindi rileverà la posizione della particella con un errore uguale o superiore alla distanza tra le creste dell'onda luminosa utilizzata.

La posizione della particella può quindi essere misurata solo da raggi luminosi di breve lunghezza d'onda ma non esiste un'onda con lunghezza zero.

Inoltre non è possibile utilizzare una luce con lunghezza d'onda piccola a piacere perché comunque la luce viene trasmessa per quanti, per cui nel caso ottimale potremmo utilizzare un quanto con la più breve lunghezza d'onda esistente.

Ma più un quanto è di lunghezza d'onda breve e tanto più elevata è la sua energia e quindi dovremo usare un quanto tanto più energetico quanto più precisa vogliamo che sia la misura della posizione della particella.

A questo punto il quanto disturberà la particella sotto osservazione alterandone la velocità e quanto più elevata è l'energia del quanto di luce utilizzato, tanto più grande sarà la perturbazione a cui si sottopone la particella.

Quindi, per misurarne più accuratamente la posizione dovremo usare un quanto più energetico, ma così facendo la velocità della particella risulterà maggiormente alterata.

Concludendo, più precisamente tentiamo di misurare la posizione della particella tanto meno precisamente potremo misurarne la sua velocità.

Il ragionamento vale anche in senso inverso: tanto più precisamente vogliamo misurare la velocità della particella e tanto meno riusciremo ad individuarne la posizione.

Heisenberg giunse a quantificare questa imprecisione per la misurazione della velocità e posizione con la formula:

$$\Delta x \cdot \Delta v \geq \frac{h}{4\pi}$$

dove il prodotto dell'indeterminazione nella posizione della particella (Δx) moltiplicata per l'indeterminazione della sua velocità (Δv) non può mai essere inferiore alla costante di Planck (h) divisa per 4π.

Se ad esempio dimezziamo l'indeterminazione della posizione, dobbiamo raddoppiare l'indeterminazione della velocità e viceversa.

Heisenberg ha così dimostrato come nel mondo atomico la natura ci costringe sempre a questo compromesso.

E' importante sottolineare come il limite che impone il principio di indeterminazione non dipende dai nostri sistemi di misura, ma è una proprietà fondamentale della natura che cambia totalmente il nostro modo di considerare la natura stessa.

Tutto questo ed i lavori di Schrödinger e Dirac, che vedremo più oltre, portano la Meccanica Quantistica a non poter essere più predittiva come la meccanica classica, ma fornisce un ventaglio di possibili risultati dandone per ciascuno la sua probabilità.

La meccanica di Newton sembrava poter prevedere esattamente dove e con che velocità sarebbe caduta la mela al suolo, con la Meccanica Quantistica possiamo solo affermare che la mela cadrà all'incirca in un certo punto con all'incirca quella velocità.

Chiaro che nel mondo macroscopico la costante di Planck è talmente insignificante che fino alla sperimentazione con le particelle atomiche quel limite della natura non è osservabile.

ERWIN SCHRÖDINGER – 1925

Contemporaneo di Heisenberg e di Dirac anche Schrödinger contribuì con importanti lavori alla moderna Meccanica Quantistica portando alle estreme conseguenze gli ormai chiari fondamenti di quella nuova fisica.

Memorabile è il suo famoso paradosso del gatto che è contemporaneamente morto e vivo e di cui tratteremo più avanti.

Partendo dall'intuizione di De Broglie sul comportamento corpuscolare della luce creò un'equazione che descrive la propagazione dell'onda materiale e che è in grado di calcolare l'evoluzione di una particella una volta conosciute le condizioni iniziali.

Analizzando bene questa sua equazione si scoprì fin dall'inizio come portasse alle stesse conclusione della meccanica a matrici di Heisenberg, ma in modo più diretto.

La formula individuata da Schrödinger, a puro titolo di curiosità, appare così:

$$i\hbar \frac{\partial}{\partial t}\Psi = H\Psi$$

Nella sua semplicità apparente questa formula si sviluppa in equazioni alle derivate parziali e, dove compare l'operatore hamiltoniano H, il tutto fa parte di matematica superiore.

A noi basta sapere che da questa equazione si ricava il modulo al quadrato della funzione Ψ che rappresenta la probabilità di trovare una particella in una certa regione dello spazio e che si scrive $|\Psi|^2$.

Con questa equazione nasce la branca della fisica ondulatoria che avrà grande parte nello studio della Meccanica Quantistica fino ai giorni nostri, fornendo contributi insostituibili anche alla tecnologia dello stato solido (transistor, microchip, ecc.) e alla loro comprensione.

Veniamo al famoso paradosso del gatto vivo e morto che ha reso la Meccanica Quantistica popolare anche se sviandola un po'.

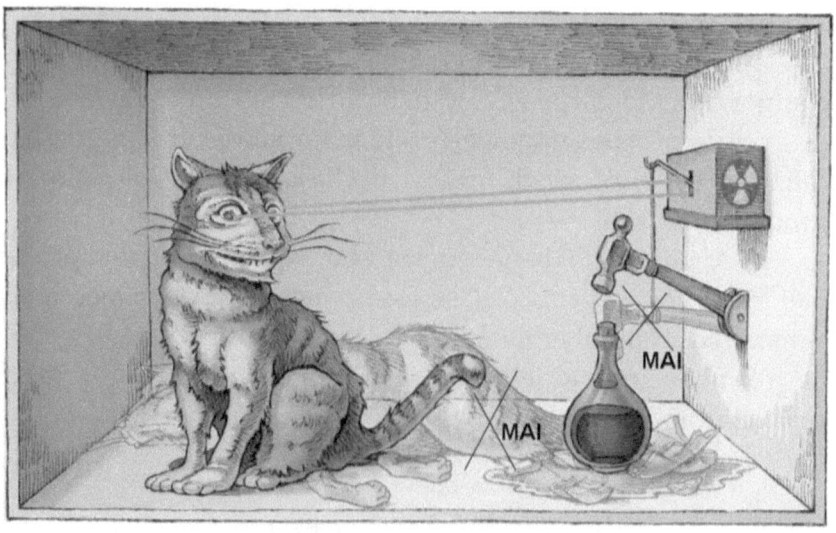

Per descrivere questo paradosso dobbiamo anticipare quanto sarà spiegato nel prossimo capitolo e cioè il primo postulato della Meccanica Quantistica che afferma come gli <u>stati quantistici possano essere sovrapposti dando origine ad un altro stato quantistico, a tutti gli effetti valido quanto gli stati di partenza</u>.

Partendo da questo postulato, valido nel mondo atomico, Schrödinger si è inventato un paradosso spostandolo al nostro mondo ed applicandolo ad un povero gatto chiuso in una scatola di piombo con dentro una piccola quantità di materiale radioattivo, un contatore geiger, un martello e una fiala di cianuro. La scatola contiene anche un congegno per rompere la fiala.

Quando l'atomo emette la radiazione, il contatore geiger la rileva e lascia cadere il martello sulla fiala di cianuro. Il veleno fuoriesce dalla fiala e contamina mortalmente tutta l'aria dentro la scatola.

Immaginiamo che nella scatola entri inavvertitamente un gatto prima di chiuderla. Una volta chiusa la radioattività inizia a diffondersi, ma la scatola può essere riaperta solo dopo un'ora e solo dopo si potrà liberare il gatto.

La scatola non è trasparente e non posso vedere dentro per rendermi conto se il gatto è ancora vivo. Inoltre il piombo delle pareti assorbe tutte le radiazioni e non ho modo di rilevarle dall'esterno, posso solo sapere che l'evento ha una probabilità del 50% di verificarsi.

Se l'atomo non ha emesso la radiazione, la fiala di veleno è ancora integra e il gatto è vivo.

Quale delle due situazioni è vera? Quale è falsa? La risposta corretta è... non posso saperlo. Entrambe le situazioni possono essere vere o false, a seconda delle circostanze.

In base al principio di sovrapposizione posso solo affermare che ognuna delle due ipotesi ha il 50% di probabilità di essere vera o falsa.

Prima di aprire la scatola quindi so solo che il gatto è contemporaneamente sia vivo che morto e la fiala è sia integra che rotta. Questa è una situazione tipica del mondo microscopico delle particelle elementari e delle leggi nella fisica quantistica col suo principio di sovrapposizione.

La verità è che non siamo nel mondo microscopico della Meccanica Quantistica, ma nel nostro mondo macroscopico dove vale il paradigma del determinismo e della certezza.

Vediamo dove si annida il paradosso. Se il destino del gatto fosse legato alle leggi delle probabilità della Meccanica Quantistica, allora non sarebbe possibile prevederne con certezza gli eventi anche per il gatto.

Fortunatamente le leggi della fisica classica ci consentono di fare previsioni certe. Molti fenomeni macroscopici come il moto di un pianeta, sono prevedibili con estrema precisione tramite le leggi note della meccanica.

Il fisico austriaco ha utilizzato il paradosso del gatto per criticare l'interpretazione ortodossa della Meccanica Quantistica del suo tempo e quindi costruire una nuova interpretazione della Meccanica Quantistica.

Va aggiunto quanto anche Einstein si sia battuto per dimostrare l'inconsistenza di questa nuova teoria e con gli amici Podolsky e Rosen inventò a sua volta un paradosso per dimostrare l'assurdità della Meccanica Quantistica e dell'indeterminismo che comporta.

Per gli interessati suggerisco di cercare su internet il "**paradosso EPR**" dai nomi degli autori. Aggiungo anche che molti anni dopo si dimostrò come Einstein avesse torto.

PAUL ADRIEN MAURICE DIRAC – 1929

Ecco un altro premio Nobel conseguito nel 1933 assieme a Erwin Schrödinger di cui condivise gli studi della Meccanica Quantistica.

Dirac è noto per le sue grandi capacità matematiche e per aver creato un formalismo astratto utilizzando il quale riuscì a prevedere l'esistenza del positrone, l'elettrone positivo, scoperto 20 anni dopo. In pratica fu in grado di prevederlo col solo suo calcolo e quindi aprì la strada all'esistenza dell'antimateria, ancora oggi un'emerita sconosciuta.

Nel 1930 pubblicò un suo famoso libro intitolato i "Principi di Meccanica Quantistica" di cui possiedo ancora l'edizione originale italiana che acquistai decenni di anni orsono quando studente universitario l'argomento mi affascinava. Confesso che allora cercai di studiarlo riuscendo a mala pena a sfogliarne le pagine.

I PRINCÍPI DELLA

MECCANICA QUANTISTICA

PAUL A. M. DIRAC

I princípi della meccanica quantistica. Una trattazione classica e definitiva di P.A.M. Dirac

BORINGHIERI

1959

PAOLO BORINGHIERI

Paul Adrien Maurice Dirac è nato a Bristol l'8 agosto 1902. Formatosi a Cambridge, divenne — in questa stesso università — professore di matematica nel 1932. Membro della Royal Society di Londra dal 1930, anno in cui elaborò in forma relativistica la meccanica ondulatoria di L. de Broglie ed E. Schrödinger. Nel 1933, in riconoscimento del lavoro da lui svolto sulla meccanica quantistica, gli venne assegnato il premio Nobel per la fisica.

EDITORE BORINGHIERI

P. A. M. Dirac, I principi della meccanica quantistica

L'opera del Dirac sulla meccanica quantistica, pubblicata per la prima volta nel 1930, e aggiornata dall'Autore nelle successive edizioni, continua a essere il trattato classico e definitivo sull'argomento: un'opera che non può mancare nel corredo di qualunque studioso serio della fisica moderna.

La sua impostazione rigorosa, il suo stile lucidissimo non lascerebbero certo supporre che la prima edizione sia apparsa meno di cinque anni dopo la pubblicazione delle prime memorie di Heisenberg, de Broglie e Schrödinger sulla meccanica quantistica. Diversa da tutti gli altri numerosissimi trattati usciti in questo trentennio sull'argomento, essa rimane — unitamente al famoso articolo di Pauli sui principi generali della meccanica ondulatoria — l'esposizione più completa e rigorosa dell'argomento. È pur vero che il suo carattere astratto e la sua impostazione originalissima hanno costituito una grave difficoltà per molti lettori, specie per coloro i quali volevano rapidamente giungere alla soluzione di problemi particolari. Il fatto è che il libro del Dirac non si rivolge al lettore frettoloso, e neppure ha in vista l'applicazione della meccanica quantistica ai numerosissimi problemi della fisica atomica e molecolare. Questo libro è diretto a coloro che vogliono comprendere l'essenza profonda della nuova meccanica, il fondamento logico dei suoi metodi o, per dir meglio, a coloro che vogliono apprendere il linguaggio adatto alla formulazione di ogni problema quantistico, ed esso presuppone dunque una conoscenza preliminare dei fenomeni essenziali della meccanica atomica.

Questo carattere formativo del libro del Dirac è testimoniato dall'influenza che esso ha avuto sulla letteratura della fisica moderna. Non è esagerato dire, anzi,

che il linguaggio della meccanica quantistica ha ricevuto in questo libro il suo primo sistematico e, in un certo senso, definitivo sviluppo. La stessa veste esteriore di questo linguaggio, le famose notazioni di Dirac, che tanto hanno stentato a essere accettate dalla maggioranza dei fisici, vanno sempre più diffondendosi, perché rappresentano probabilmente la più completa e organica formulazione dei concetti fisici della teoria.

La meccanica quantistica, che venti anni fa rappresentava il coronamento degli studi di fisica e della quale molti studenti si accontentavano di avere un'idea solo sommaria, costituisce oggi uno strumento di lavoro indispensabile. E per questo che la traduzione del libro di Dirac rappresenta un completamento necessario della letteratura fisica italiana.

Capitolo 12. Elettrodinamica quantistica

IN QUESTO CAPITOLO DIRAC PREVEDE L'ESISTENZA DEL POSITRONE

74. IL CAMPO ELETTROMAGNETICO IN ASSENZA DI MATERIA

La teoria della radiazione che abbiamo svolto nel capitolo 10 comportava alcune approssimazioni nel modo in cui trattava l'interazione della radiazione con la materia. Lo scopo del presente capitolo è di eliminare queste approssimazioni e di ottenere, per quanto possibile, una teoria esatta del campo elettromagnetico in interazione con la materia, con la limitazione che la materia sia costituita solo di elettroni e positoni. Circa le altre forme di materia, protoni, neutroni eccetera, si conosce troppo poco perché si possa tentare, al giorno d'oggi, di ottenere una teoria esatta della loro interazione con il campo elettromagnetico. Esiste invece una teoria precisa degli elettroni e dei positoni, data nel capitolo precedente, che può venire usata per formulare una precisa teoria dell'interazione del campo elettromagnetico con questa forma di materia. La teoria deve render conto dell'interazione degli elettroni e dei positoni fra di loro, attraverso le loro forze coulombiane, come pure della loro interazione con la radiazione elettromagnetica, e deve naturalmente soddisfare la relatività particolare. In questo capitolo assumeremo, per brevità, $c = 1$.

Per prima cosa dobbiamo considerare il campo elettromagnetico non interagente con la materia. Ora, nel § 63, abbiamo dato anzitutto una trattazione del campo di

---

A Dirac si deve la famosa frase: "Se Dio esiste, sicuramente deve essere un grande matematico!"

Volendo approfondire il pensiero di questo grande scienziato del secolo scorso, non si può fare a meno di scorrere un suo articolo, di contenuto anche filosofico, pubblicato nel 1963 sul Scientific American ed intitolato "The Evolution of Physicist's Picture of Nature".

Nel suo articolo Dirac parte dall'osservazione di come uno degli aspetti essenziali della natura sia che le leggi fisiche fondamentali siano descrivibili da una teoria matematica di grande bellezza e potenza, per la cui comprensione è necessario un alto livello matematico, ovviamente trascurando la capacità, di noi umili mortali, di capirne qualcosa.

Aggiunge poi che, alla domanda di come mai la natura sia costruita in questo modo, l'unica risposta possibile sia che la natura è costruita così e basta e dobbiamo semplicemente accettare questo fatto.

Completando il suo pensiero filosofico afferma anche che si potrebbe riassumere la situazione dicendo che Dio è un matematico di primo ordine e che nel costruire l'Universo ha utilizzato una matematica molto avanzata.

Completa il discorso affermando che i nostri modesti tentativi ci permettono di capirne una piccola parte dell'Universo e man mano che progrediamo nella matematica possiamo sperare di comprendere la natura sempre meglio.

E' indubbio che Dirac fosse un grande purista della matematica e che abbia magistralmente usato quello strumento mentale per approfondire la complessa essenza della Meccanica Quantistica con i suoi aspetti contro intuitivi.

RICHARD FEYNMAN – 1942

Feynman è stato uno dei più grandi e simpatici fisici del ventesimo secolo, premio Nobel nel 1965 per il contributo allo sviluppo dell'elettrodinamica quantistica (EDQ), una branca molto avanzata della Meccanica Quantistica.

Personaggio eccezionale e fuori dalle righe che esplorava la natura usando una specie di magia intuitiva innata e la sua forza stava nella sua logica semplice, ma profonda e rivolta sempre verso la scoperta dell'inesplorato.

Desidero citarlo qui per il suo non convenzionale modo di rapportarsi con gli altri e per le sue memorabili citazioni che hanno fatto il giro del mondo e che vengono ricordate soprattutto nelle università tra gli studenti di fisica.

A lui si deve la "**teoria dei cammini**", che considera come una particella quantistica non segua un solo cammino o una sola storia per andare da un punto ad un altro, ma tutti quelli possibili. Un modo veramente nuovo di vedere il "**principio di sovrapposizione**" che è un postulato base della Meccanica Quantistica e che verrà trattato in un prossimo capitolo.

Ecco uno scherzoso modo di Feynman di illustrare il principio.

PRINCIPIO DI SOVRAPPOSIZIONE
SECONDO FEYNMAN

Il capolavoro di Feynman è la riformulazione della Meccanica Quantistica in termini di integrale su tutte le "storie" o "cammini" percorsi dalla particella quantistica.

INTEGRALI DI CAMMINO

Una particella per andare da un punto ad un altro segue diversi cammini, o storie, con diversi pesi probabilistici. La funzione integrale che ne risulta ne rappresenta la sovrapposizione.

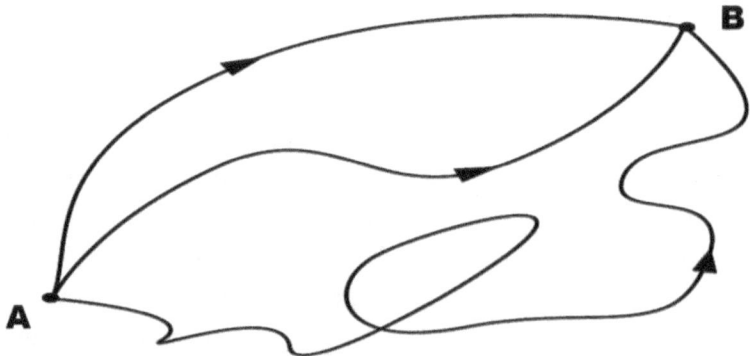

Contribuirà alla teoria dell'Elettrodinamica Quantistica (QED), schematizzando le complicate equazioni con i famosi "diagrammi di Feynman".

DIAGRAMMI DI FEYNMAN
Metodo per costruire il modello della elettrodinamica quantistica (QED)

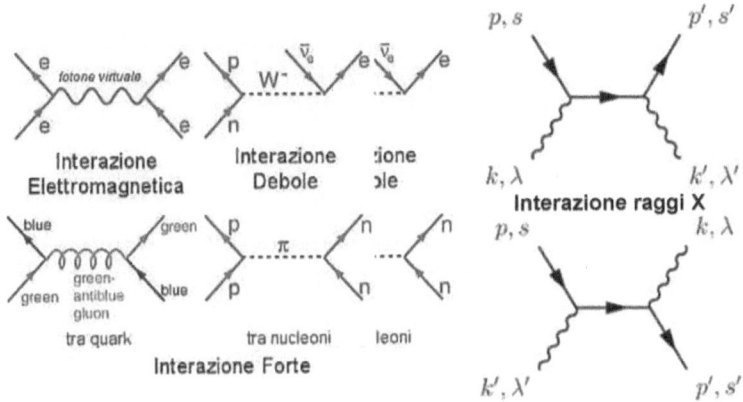

I suoi contributi alla QED ed i suoi diagrammi gli meriteranno il premio Nobel per la fisica nel 1965, premio condiviso con Jullian Schwinger e Sin Itiro Tomonaga.

Tra le sue strane interpretazioni della Meccanica Quantistica va menzionata la sua interpretazione delle antiparticelle come oggetti che vanno indietro nel tempo.

Seguono alcune sue citazioni che chiariscano bene il tipo di scienziato quale Feynman era

- *Non riuscivo a fare tutto quello che volevo, perché mia madre insisteva nel mandarmi fuori a giocare.*
- *La fantasia della natura supera di gran lunga quella dell' uomo.*
- *Bisogna innamorarsi di una teoria e, come per una donna, questo è possibile solo se non la si capisce completamente.*
- *La cosa più interessante, per noi, è quella che non va secondo le previsioni.*
- *Tutta la conoscenza scientifica è incerta; gli scienziati sono abituati a convivere con il dubbio e l'incertezza.*
- *La filosofia della scienza è utile agli scienziati più o meno quanto l'ornitologia lo è agli uccelli.*

- *Uno degli strumenti più importanti della fisica è il cestino della carta straccia.*
- *Per scoprire qualcosa, è meglio eseguire esperimenti accurati che impegnarsi in profonde discussioni filosofiche.*
- *Se dici di capire... la Meccanica Quantistica, non capisci la Meccanica Quantistica.*
- *La matematica è linguaggio ... più logica.*
- *Un principio generale della fisica è che, non importa quello che una persona pensa, è quasi sempre sbagliato.*
- *Non c'è male nel dubbio e nello scetticismo, perché è attraverso questi che vengono fatte le nuove scoperte.*
- *I fisici amano pensare che tutto quello che devi fare è dire: queste sono le condizioni, e ora cosa succede?*
- *Accetta la natura com'è: assurda.*

PETER HIGGS - 1980

Questo scienziato scozzese ha raggiunto l'apice della popolarità quando il CERN di Ginevra nel 2012 ha annunciato per la prima volta al mondo di aver verificato sperimentalmente la prova dell'esistenza della particella che ha preso il suo nome Higgs.

Higgs ipotizzò negli anni sessanta l'esistenza di un campo la cui funzione sarebbe stata quella di fornire massa alle particelle e che pervade tutto l'Universo. Questo campo avrebbe dovuto dar origine ad una particella associata, appunto la particella di Higgs, che ne doveva confermare l'esistenza.

Nel 2013 per i contributi apportati alla Meccanica Quantistica ed al modello standard ad Higgs fu assegnato il premio Nobel assieme allo scienziato belga François Englert.
Tratteremo estesamente in un apposito capitolo questo argomento poiché la conferma del campo di Higgs ha cambiato la prospettiva su come procedere nella conoscenza rendendo il modello standard confermato solennemente, aprendo nuove vie alla conoscenza del mondo subatomico.

Nell'immagine che segue lo scontro di protoni che ha segnalato la presenza del bosone di Higgs.

Graphical representation of a Higgs boson decaying to two tau particles in the ATLAS detector. The taus decay into an electron (blue line) and a muon (red line) (Image: ATLAS)

Celebrando in questa parte del libro lo scienziato Peter Higgs vediamo qualche immagine dell'immenso strumento che ha provato quanto avesse ragione.

Nel seguito la foto del Dr. Higgs fotografato di fronte all'immagine del rivelatore utilizzato nell'esperimento Atlas per individuare il suo bosone.

Nella seconda immagine l'autore di questo libro in una visita nel 2014 di fronte al rivelatore di particelle aperto per manutenzione, ed in cui è stato eseguito l'esperimento ATLAS nel 2012.

DR. HIGGS AL RIVELATORE DEL CERN

Meccanica Quantistica: approfondimenti.

Fino a questo punto abbiamo percorso la fase storica iniziata col quanto di Max Planck per giungere all'inizio della seconda fase nel 1924 quando la comunità scientifica ha iniziato a percepire, grazie al francese Louis de Broglie, come particelle e onde fossero le due facce della stessa realtà.

La fisica tutta ebbe un forte scossone, anzi un vero terremoto che smuoveva le sue certezze dalle fondamenta. L'incertezza e la probabilità si aggiungevano al bagaglio descrittivo del mondo atomico e sembrava così assurda che il più grande scienziato del secolo scorso, Albert Einstein, ne ha contrastato la sua completezza fino alla sua morte.

A molte menti scientifiche, anche ben dotate, pareva incredibile che la natura ci ponesse un limite a ciò che possiamo conoscere e che questo limite non fosse dovuto alle nostre incapacità o all'insufficienza dei nostri mezzi tecnici.

Questo è così vero che il premio nobel Richard Feynman poté affermare in una delle sue molte citazioni: "Se capisci ... la Meccanica Quantistica, non capisci la Meccanica Quantistica!".

Si, perché la Meccanica Quantistica non può essere capita nel senso classico della nostra mente che si forma un'immagine col suo intuito di ciò che ci circonda; tutta questa nuova fisica è contro-intuitiva e va solo accettata.

Consoliamoci se addentrandoci in questo vasto micro mondo molte cose ci sembreranno tutt'altro che chiare, ma meravigliamoci col fatto che siamo in grado di crearne modelli matematici, a volte di complessità pazzesca, ma che una volta verificati ci consentono di calcolarne gli effetti e predirne i comportamenti.

Entriamo nel mondo dell'ultra piccolo, di come funzionano i componenti fondamentali della materia, cerchiamo le leggi che governano il moto delle particelle e le forze che li governano.

E' un percorso affascinante e quella teoria che oggi definiamo quantistica è iniziata negli anni venti del secolo scorso, quindi dopo le grandi conquiste teoriche e sperimentali di Planck, Einstein, Bohr e che anche in questo caso sono nate per dare una spiegazione logica a fenomeni che da tempo si sperimentavano senza capirne la natura profonda, fenomeni che erano in contrasto con le teorie precedenti.

Parliamo della radioattività, del movimento degli elettroni nell'atomo e in genere, di tutto quello che si cominciava a sperimentare nell'ambito delle onde elettromagnetiche e della natura della luce di cui ne è parte.

Come abbiamo visto nei capitoli precedenti, Einstein in quest'ambito pubblicò nel 1905 l'articolo che riguardava i fenomeni fotoelettrici, lavoro che, riprendendo concetti del fisico tedesco Planck, dimostrava come la luce consistesse in corpuscoli elementari che interagendo con i metalli ne strappavano dagli atomi gli elettroni.

In questo capitolo riassumeremo gli elementi più importanti della teoria che, se le due teorie sulla relatività sono lontane dalla intuizione diretta, con la Meccanica Quantistica ed i suoi risultati tocchiamo l'apice di quello che il senso comune non si aspetterebbe.

E' proprio così, il mondo atomico e le sue leggi sono il massimo dell'assurdo per quanto noi conosciamo e vediamo nella nostra vita quotidiana.

Basti pensare al **"principio d'indeterminazione di Heisenberg"** citato in precedenza, una delle leggi fondamentali della Meccanica Quantistica che approfondiremo nel prossimo capitolo. Questa legge dice che è impossibile conoscere nello stesso momento dove si trova una particella atomica e la sua velocità ed in generale due quantità correlate di una stessa particella.

Come più volte sottolineato non si tratta di una impossibilità dovuta alla limitatezza degli strumenti di cui si dispone, ma di una legge della natura che riguarda il mondo subatomico con tutta una serie di conseguenze che si sono dimostrate vere in molti esperimenti.

Quando scendiamo in quel mondo piccolissimo spariscono i nostri concetti fondamentali di luogo, corpo, tempo ecc., e se vogliamo conoscere la velocità di quella particella misurandola con precisione, allora la particella può trovarsi in quell'istante in un qualsiasi punto dell'Universo.

Da qui discendono teorie esotiche come l'**entanglement quantistico**, che afferma la possibilità di correlare tra loro quantità di due particelle distanti fra loro in modo che, influenzandone una, si determini istantaneamente un cambiamento nell'altra.

La fantascienza si potrebbe sbizzarrire, sperando di aver trovato la comunicazione istantaneamente, ma la teoria stessa toglie questa speranza, perché con l'entanglement, come vedremo, si dimostra non potersi trasmettere informazioni ... almeno per quanto ne sappiamo oggi.

Vedremo le leggi che la Meccanica Quantistica suggerisce per le tre forze fondamentali che legano insieme l'atomo: **la forza forte**, **la forza debole** e la **forza elettromagnetica**.

Per la forza di gravità la Meccanica Quantistica non dice molto e rimane al di fuori delle sue equazioni.

Recentemente con la scoperta del **Bosone di Higgs si è** dimostrato come all'origine si formò un così detto **campo di Higgs** che ancora pervade tutto l'Universo e che ha dato massa alle particelle.

Mancano ancora all'appello i così detti gravitoni che dovrebbero essere le particelle, previste dalla teoria, ma che ancora nessuno ha trovato.

Se sprofondiamo nel microcosmo, tutto diventa etereo, il corpuscolo è un qualcosa che è contemporaneamente materia ed onda, diventa un oggetto inafferrabile, evanescente ed entriamo in un mondo dove le certezze diventano incertezze e probabilità.

Come più volte affermato, riusciamo ad afferrarne l'essenza solo con l'aiuto della matematica che ne calcola i vari aspetti tecnici e ci rassicura sulla possibilità di prevederne i comportamenti, ma ... non cerchiamo di capirli con la nostra intuizione abituata alle cose di tutti i giorni!

*Riassumendo ed in parte ripetendo quanto descritto nel capitolo precedente, la prima descrizione matematica di quanto stiamo raccontando la si deve allo scienziato austriaco **Erwin Schrödinger** che nel 1926 introdusse l'equazione d'onda che nella sua formulazione governa gli aspetti quantistici della materia soddisfacendone anche l'aspetto ondulatorio.*

*Grazie a lui fu possibile giustificare la supposizione dello scienziato **Bohr** che aveva prefigurato la forma planetaria dell'atomo* *dove elettroni carichi negativamente ruotano intorno ad un nucleo carico positivamente.*

*E' stata la **dualità onda-corpuscolo** e l'**equazione d'onda** di Schr*ö*dinger a risolvere l'arcano dilemma di come gli elettroni non precipitassero nel nucleo.*

Dimostrò che se l'elettrone ruota intorno al nucleo come onda la sua lunghezza d'onda dipende dalla velocità di rotazione e come la lunghezza dell'orbita dipenda a sua volta debba essere pari un numero intero di volte della lunghezza d'onda dell'elettrone.

Le orbite consentite dalla teoria di Bohr sono infatti quelle in cui l'onda ruotando ha sempre negli stessi punti l'ampiezza massima e l'ampiezza minima, altrimenti si annullerebbero.

L'equazione d'onda va intesa anche sotto l'aspetto probabilistico nel senso che fornisce la probabilità di trovare una particella nello spazio o, meglio, la probabilità del risultato di una sua misurazione.

Come abbiamo fatto in precedenza per soddisfare la curiosità, ecco la bella equazione d'onda nella sua formulazione originale, con il consiglio di non perdere tempo per cercare di capirla:

$$i\hbar \frac{\partial}{\partial t}\Psi(r,t) = H\Psi(r,t)$$

In questa equazione compare il punto r nello spazio tridimensionale, la funzione d'onda Ψ, la costante $\hbar$ (costante di "Planck tagliata" = h diviso 2π) e un complesso operatore quantistico H (operatore hamiltoniano).

*Oltre a questa equazione d'onda ed al **principio d'indeterminazione di Heisenberg**, la Meccanica Quantistica si* *avvale anche del **principio di sovrapposizione** che tratteremo dettagliatamente nel seguito.*

Si tratta di un postulato che prevede, in certe condizioni, la sovrapponibilità di diverse funzioni d'onda rappresentative di sistemi reali di modo che se ne possa prevedere il risultato globale, calcolandone una alla volta.

*La teoria si è molto sviluppata nel secolo scorso e scienziati da premio Nobel come Bohr, Dirac, De Broglie, Fermi, Openheimer, Feynman e molti altri, hanno costruito un gigantesco sistema teorico che, con esperimenti costosissimi e vaste ricerche, hanno consentito di giungere ad un modello cosmologico matematico che, seppure ancora incompleto, sta alla base di tutta la fisica: il **modello standard**.*

Approfondiremo le fondamenta della Meccanica Quantistica nel prossimo capitolo tornando ai principi accennati fino a questo punto.

Principio di indeterminazione

Completiamo quanto abbiamo visto estensivamente in un capitolo precedente trattando dello scienziato tedesco Werner Heisenberg che enunciò il suo principio di indeterminazione nel 1927 creando un vero e proprio scompiglio tra gli scienziati.

Heisenberg trasformò in principio una realtà del mondo atomico affermando che due grandezze correlate di una particella non possono essere misurate con precisione arbitraria dando origine ad implicazioni rivoluzionarie per i suoi tempi anche di tipo filosofico e che ancora oggi non trovano un totale accordo tra gli addetti ai lavori.

Leggendo l'enunciazione di questo principio chiunque non addentro a questo mondo così lontano dal nostro modo di pensare è portato ad affermare: "Va bene, questo ora, ma un giorno qualche altro scienziato scoprirà un modo per superare questo limite!". E questa era anche l'opinione di Einstein e di altri suoi contemporanei. Solo che sono passati quasi cento anni e pare proprio che quel principio la natura se lo tenga ben stretto.

Ricordiamo come Heisenberg, partendo dalla teoria enunciata nel 1900 dal fisico tedesco Max Planck secondo la quale l'energia delle radiazioni non è un "continuo", ma è costituita da quanti o pacchetti di energia che si propagano nello spazio come fossero corpuscoli, abbia intuito come in quel microscopico Universo la conoscenza non possa procedere come nel mondo classico.

La fisica classica per descrivere un corpo in movimento assicura come sia possibile che vengano misurate con esattezza le due misure correlate, ma Heisenberg dimostra come nel caso di oggetti infinitamente piccoli ciò non sia possibile.

L'atto dell'osservazione altera sempre il comportamento degli oggetti sotto osservazione poiché non è possibile trovare un mezzo piccolo a piacere per raggiungere l'oggetto in osservazione: il "quanto" di luce è quel minimo invalicabile!

Quindi se si spedisce il proiettile "quanto" sull'oggetto sotto misurazione lo si colpisce in un ben preciso luogo che possiamo precisare, ma contemporaneamente ne abbiamo alterato la velocità.

La conclusione è che tanto più è grande la precisione per misurare ad esempio la posizione di una particella tanto più indeterminata risulta la sua velocità e così pure per qualsiasi coppia di grandezze misurabili correlate.

La genialità di Heisenberg è stata quella di quantificare questa sua intuizione con la famosa equazione:

PRINCIPIO D'INDETERMINAZIONE DI HEISENBERG

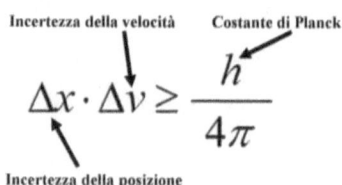

Incertezza della velocità   Costante di Planck

$$\Delta x \cdot \Delta v \geq \frac{h}{4\pi}$$

Incertezza della posizione

L'enunciazione corretta del principio d'intermediazione diventa così:

"Esiste un limite per il grado di finezza dei nostri mezzi di osservazione, e di conseguenza un limite inferiore per l'entità della perturbazione che accompagna l'osservazione stessa, limite che è inerente alla natura stessa delle cose e che non può essere superato mediante tecniche migliori o maggior perizia da parte dell'osservatore".

Di conseguenza l'Universo fisico per come lo conosciamo è frutto di un insieme di probabilità che si manifestano nelle nostre osservazioni.

Il tipo di conoscenza che ne deriva è dunque probabilistico e questo principio è una colonna portante della fisica moderna, ma la sua importanza travalica l'ambito della fisica ed investe tutto ciò che concerne i processi di conoscenza umana.

La più rilevante conseguenza, tanto contrastata da Albert Einstein, è l'impossibilità di pervenire a una conoscenza oggettiva completa e imparziale di un qualsiasi fenomeno.

Quindi anche il concetto di probabilità assume un aspetto nuovo nella meccanica quantistica. Per la meccanica classica (Laplace, Boltzman, Poincaré, Lorenz, ecc.) la probabilità viene associata ad eventi casuali di cui non si conoscono tutte le variabili del sistema.

Se si lancia di un dado. se si tira una freccia, la probabilità del risultato deriva dall'incertezza del risultato dovuta ad una mancanza di conoscenza di tutte le variabili in gioco.

In teoria, se conosciamo tutte le variabili di un qualunque sistema, la probabilità diventa "certezza matematica".

*Nella meccanica quantistica la probabilità è data dalla funzione d'onda che rappresenta **"l'ampiezza di probabilità"** associata al sistema.*

La funzione d'onda è il massimo dell'informazione possibile sul sistema e può essere solo probabilistica. E questa probabilità non deriva da una mancanza di conoscenza dello stato iniziale del sistema, ma è intrinseca della realtà.

E' a questo punto che molti, tra cui Einstein" si sono posti la domanda: "Ma allora nulla è certo" Niente di tutto questo: si dimostra che si possono costruire sistemi con probabilità 100% ed ottenere un risultato certo.

Principio di sovrapposizione

Il "principio **di sovrapposizione degli stati quantistici**" è un postulato fondamentale della Meccanica Quantistica con il quale si afferma che due o più stati quantistici possono essere sovrapposti, cioè sommati, e dar origine ad un altro stato quantistico autonomo. Lo stesso principio afferma anche che ogni stato quantistico può essere rappresentato come somma di due o più altri stati distinti.

Inoltre questo principio afferma che fintanto che non si esegue una misurazione sul sistema questo rimane in uno stato "indefinito", costituito dalla "sovrapposizione" di tutti i suoi possibili stati.

Cioè il sistema, prima della misurazione, si trova contemporaneamente in tutti gli stati "potenzialmente" possibili relativi ad una sua caratteristica osservabile (velocità, quantità di moto, posizione, ecc.) ed il suo stato fondamentale, definito come "autostato", si espliciterà solo in conseguenza di un atto di misurazione sul sistema.

Questo atto di osservare una caratteristica del sistema fa "collassare" la caratteristica in osservazione in uno tra i possibili autostati propri della caratteristica stessa.

Il formalismo quantistico introduce questo nuovo e contro-intuivo elemento per cui, osservando uno stato del mondo

microscopico, l'osservazione diventa parte indissolubile del risultato della misurazione.

Lo scienziato Schrödinger, di cui abbiamo trattato in un capitolo precedente, scherzò molto su questo principio e s'inventò il famoso paradosso del gatto chiuso in una scatola.

Avendo ora definito questo principio nella sua formulazione esatta sarà utile che il lettore torni a rileggere quel paradosso, sostituendo al gatto un atomo e considerando che per l'atomo le cose stanno proprio così: è contemporaneamente vivo e morto, dipende da come lo si guarda!

Il nostro senso comune non accetta facilmente questa rappresentazione che è una delle proprietà rivoluzionarie della Meccanica Quantistica: la natura non ci permette di predire un singolo risultato ben definito per una determinata osservazione, ma predice un certo numero di diversi esiti possibili di cui possiamo solo calcolarne la probabilità per ciascuno di essi.

Se si esegue quella misurazione su un gran numero di sistemi simili, otteniamo che alcune misurazioni danno un certo risultato in un certo numero di casi e un altro risultato in un diverso numero di casi, e così via.

Si può predire il numero approssimativo di volte in cui il risultato si presenta come il primo oppure il secondo e così via, ma mai è prevedibile il risultato di una singola misurazione specifica.

Nella documentazione divulgativa si è soliti fare l'esempio della freccetta: se si lancia una freccetta verso un preciso bersaglio la meccanica classica è in grado di prevedere esattamente se la freccetta colpirà il bersaglio o se lo mancherà, cioè fornisce due sole e ben distinte possibilità! Conoscendo inoltre la velocità della freccetta al momento del lancio assieme a tutti gli altri parametri, gravità, forza del vento, ecc., si sarebbe certamente in grado di prevedere matematicamente l'esatto punto d'arrivo della freccetta.

Nel mondo della Meccanica Quantistica questo ragionamento non è più valido, ma si possono solo calcolare le varie probabilità perché la freccetta colpisca i vari diversi punti, dentro e fuori il bersaglio.

Si ha cioè una certa probabilità non nulla che la freccetta colpisca anche qualche punto lontano dal bersaglio.

Se si potesse portare l'esempio della freccetta nel nebuloso mondo quantistico, magari sostituendola con un elettrone, si avrebbe una situazione come nell'immagine che segue, con la sola differenza che le traiettorie probabilistiche sarebbero praticamente infinite.

Nel nostro mondo macro con l'esatto calcolo newtoniano avremmo che sicuramente la freccetta non andrà da nessun'altra parte che in solo punto e se il lanciatore è uno molto bravo, colpirebbe il centro e solo quello.

Se si utilizzassero i calcoli probabilistici della Meccanica Quantistica nel caso della freccetta reale, le probabilità per le varie traiettorie diverse da quella newtoniana sarebbero talmente piccole da poter essere considerate nulle.

A scala atomica non è possibile predire esattamente cosa accadrà alla freccetta "atomizzata", ma solo che ripetendo l'esperimento molte volte, ci si può attendere che, in media, un certo numero di volte su 100 la freccetta atomica colpirà il centro del bersaglio.

La Meccanica Quantistica quindi introduce un elemento legato al caso che pone dei limiti alle nostre capacità di essere predittivi come accadeva nella fisica classica e questo limite, lo si ripete, non è dovuto ai nostri limiti tecnologici, ma è un invalicabile limite che ci pone la natura.

Per poter operare in questo nuovo micro mondo si son dovuti abbandonare gli strumenti matematici utilizzati nella fisica classica e crearne di nuovi che non descrivono più il mondo nei termini di "bianco o nero" tra onde o particelle, ma molto più fumosamente in termini probabilistici a secondo di come lo si osserva.

Ricordando la configurazione planetaria dell'atomo di Bohr ora possiamo confermare la vera ragione per cui le orbite degli elettroni possono essere solo certe permesse e perché gli elettroni caricati negativamente non precipitino nel nucleo caricato positivamente.

La ragione è semplice: l'atomo non è formato da corpuscoli che girano intorno ad un Sole centrale, ma gli elettroni nell'atomo si comportano come onde e come tali si spiega l'arcano.

Un elettrone orbitante intorno al nucleo come un'onda con una lunghezza d'onda dipendente dalla sua velocità deve rispettare certe condizioni per poter esistere.

La circonferenza dell'orbita deve corrispondere ad un numero intero di volte la lunghezza d'onda dell'elettrone poiché in queste orbite a ogni rivoluzione la "cresta" dell'onda deve trovarsi nella medesima posizione per rinforzarsi e tali orbite corrispondono alle orbite consentite di Bohr.

Se le orbite avessero una circonferenza che non fosse pari a un numero intero di volte la lunghezza d'onda dell'elettrone allora, durante le successive rivoluzioni, ogni "cresta" dell'onda finirebbe per essere cancellata da un "ventre". Queste orbite, non sono consentite ed il postulato di Bohr che consentiva e proibiva determinate orbite, trova così una spiegazione scientifica come De Broglie confermò per primo nel 1924.

Volendo completare quanto già visto in un capitolo precedente riguardante l'atomo di de Broglie, questa è l'immagine finale del modello di atomo dove appare la lunghezza d'onda λ dell'elettrone fattosi onda.

De Broglie propose che le uniche orbite permesse fossero quelle che contenevano un numero intero di lunghezze d'onda dell'elettrone, una sorta di _onda stazionaria_

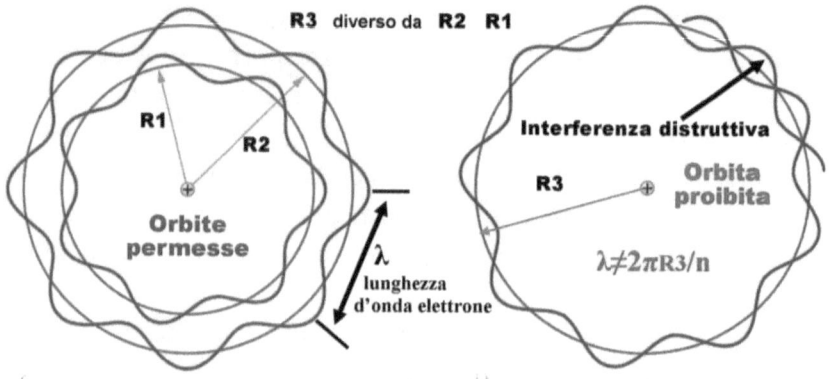

Circonferenza = numero intero di volte λ ** λ=2πR2/n

LA MATEMATICA DESCRIVE I FENOMENI QUANTISTICI

Allo stato attuale la Meccanica Quantistica con i suoi modelli matematici spiega più del 90% degli oggetti fisici esistenti fino al recente bosone di Higgs e forse anche il previsto e sfuggente gravitone, ancora mancante alla lista della spesa della fisica moderna.

Vediamo di approfondire meglio la questione fondamentale della doppia realtà corpuscolo-onda del mondo atomico sfiorando i meccanismi matematici che la trattano.

*Sappiamo come le particelle **dotate di massa** possano comportarsi come onde e questo ha portato a formulare una* *"__meccanica ondulatoria__"* in cui le onde sono di materia e quindi ben diverse, per esempio, dalle onde elettromagnetiche che si propagano ovunque nello spazio. Dobbiamo chiederci dove si propaghino queste onde che provengono dal dualismo onda-particella e che non è un'onda come la pensiamo tradizionalmente.

Questa strana realtà ha portato i matematici a formulare una meccanica ondulatoria in uno spazio matematico, e quindi immaginario, con un formalismo completamente nuovo.

__Dobbiamo renderci conto che la Meccanica Quantistica riguarda fenomeni che la nostra mente non può più immaginare come nella meccanica classica a meno di non allontanarci completamente dalla realtà che vorremmo rappresentarci.__

Non può esistere un intuito che possa afferrare il mondo quantistico, un mondo che rimane nascosto agli occhi della nostra mente.

Spazio di Hilbert

Siamo nel mondo ideale della matematica: una particella vista come onda non si propaga nel nostro spazio, non possiamo vederla, ma possiamo descriverla ricorrendo allo **spazio che il matematico Hilbert** ha creato idealmente all'inizio del secolo scorso e che oggi sfruttiamo per infilarci le nostre strane onde quantistiche.

Senza addentrarci nelle complesse teorie che hanno forzato gli scienziati ad allargare enormemente l'utilizzo dello strumento matematico per comprenderci questo nuovo mondo, possiamo affermare che come eravamo soliti ai tempi della scuola descrivere i fenomeni (traiettorie di oggetti, movimenti accelerati ecc.) in spazi tridimensionali, detti euclidei, ora quegli spazi non ci bastano più e dobbiamo ricorrere a spazi ideali con altre caratteristiche, appunto lo spazio di Hilbert.

Attenzione anche lo spazio euclideo, in cui tutto ci appare chiaro e semplice perché lo conosciamo, è in realtà una pura creazione mentale: in natura quello spazio non esiste, non esistono rette parallele che non si incontrano o punti senza dimensione, ma con quell'astrazione basata sui postulati di Euclide misuriamo superfici reali, calcoliamo triangoli, misuriamo le orbite dei satelliti ed il tutto ci pare naturale.

Ora abbiamo un'altra creazione mentale, lo spazio di Hilbert, in cui immergiamo tutti nostri modelli quantistici ed in cui verifichiamo se questi modelli funzionano.

La struttura dello spazio di Hilbert poggia su postulati molto diversi da quelli che nella geometria classica definiscono gli spazi euclidei che si studiano a scuola ... tutto qui!

Formalismo di Dirac

Rifacendosi allo sviluppo matematico di quel Paul Dirac che abbiamo descritto in un capitolo precedente, si utilizza lo spazio di Hilbert in cui qualsiasi stato fisico viene rappresentato da un certo elemento matematico denominato "**ket**", o vettore ket, rappresentativo della sovrapposizione di una serie di elementi lineari.

La struttura di questo spazio permette quindi di rappresentare uno stato quantistico con un ket, che ha la proprietà che proiettato in modo opportuno genera una funzione d'onda, un formalismo ideale per descrivere le osservabili onda-corpuscolari della Meccanica Quantistica.

Dirac ha avuto la bella idea di utilizzare la parola inglese "**braket**", che significa "parentesi", e dividerla in due parti "**bra**" e "**ket**", come descrive lui stesso nel suo volume "I principi della Meccanica Quantistica".

In quel testo Dirac afferma testualmente: "In Meccanica Quantistica è opportuno designare con un nome speciale i vettori connessi con gli stati di un sistema, siano essi riferiti ad uno spazio con un numero finito di dimensioni, o infinito di dimensioni. Li chiameremo vettori "ket" , o semplicemente "ket", e denoteremo uno di essi in generale col seguente simbolo: $|>$. Per specificarne uno con la lettera "A" inseriremo tale lettera in mezzo e scriveremo $|A>$.

Dirac poi prosegue affermando che questi vettori possono sommarsi, moltiplicarsi e compiere una serie di operazioni con proprietà che costruiscano la sua complessa matematica per descrivere il mondo atomico e trarne delle previsioni. Fu con questi suoi calcoli che Dirac dimostrò l'esistenza del **positrone** decine di anni prima della sua scoperta.

<u>Così il premio Nobel Dirac ha creato uno dei più eleganti modi di rappresentare quei fenomeni sfuggenti ad ogni logica precedente, formalizzazione definita da altri fisici come "bellissima formalizzazione".</u>

Equazione di Schrödinger e Hamiltoniana

Tornando alla nostra particella ed alla sua funzione d'onda di Schrödinger, abbiamo un altro formalismo quantistico rispetto quello *di Dirac: cercando una particella sappiamo solo che si trova da qualche parte nello spazio matematico di Hilbert e che in quello spazio virtuale evolve tranquillamente come onda.*

Se misuriamo quella particella, ad esempio, inviandole dei fotoni per individuarla, interagiamo con la sua funzione d'onda e così possiamo localizzarla, mentre prima della misurazione conosciamo solo le probabilità di trovarla nelle infinite posizioni possibili.

Con l'atto della misurazione l'onda, intesa come funzione matematica, collassa   e da quel momento in poi la particella viene individuata con precisione e non si trova da nessun'altra parte nell'Universo, mentre fino all'istante precedente, la particella poteva essere ovunque con diverse probabilità.

Tra i vari formalismi che vengono utilizzati per descrivere questi processi uno dei più comodi è quello di Hamilton.

Questo **formalismo hamiltoniano** *si basa su dei postulati della Meccanica Quantistica tra i quali si suppone che ogni sistema fisico abbia una sua corrispondente funzione d'onda all'interno dello spazio di Hilbert.*

Detto in altro modo, data una particella esiste un suo corrispondente oggetto matematico, appunto la funzione d'onda descritta dall'equazione di Schrödinger, nello spazio di Hilbert.

Questa funzione d'onda, se non vengono effettuate misure di alcun tipo, evolve secondo l'equazione di Schrödinger. In altre parole, questa equazione regola l'evoluzione degli stati o delle funzioni d'onda all'interno dello spazio di Hilbert.

*Dobbiamo ora introdurre il concetto di **osservabile**, cioè una grandezza di un oggetto fisico, ad esempio una mela, che possiamo far cadere da un albero e di cui, in base alla meccanica classica, conosciamo ad esempio l'osservabile "energia cinetica" che è pari al quadrato della velocità moltiplicato per la massa della mela ed il tutto diviso per due.*

Con la Meccanica Quantistica vi sono i limiti di misura imposti dal principio di indeterminazione di Heisenberg e la presenza di grandezze non osservabili rappresentate da numeri complessi di difficile interpretazione fisica.

La funzione d'onda di Schrödinger che abbiamo visto in precedenza ci fornisce almeno l'informazione probabilistica sull'osservabile, infatti il modulo al quadrato del Ψ e cioè $|\Psi|^2$ che compare nell'equazione è un numero reale e fornisce la densità di probabilità per l'osservabile.

__Riassumendo, in Meccanica Quantistica la misura di un'osservabile non può che essere probabilistica, infatti il processo di misura fa collassare il sistema sotto misurazione in quello che matematicamente viene definito "autostato dell'osservabile", che ha a che fare con lo spazio di Hilbert visto prima.__

In questo capitolo abbiamo "sfiorato" la complessa costruzione per descrivere la moderna fisica che si fa risalire a quella che venne chiamata "**Interpretazione di Copenaghen**".

In quella città, giovanissimi scienziati, tutti destinati a diventare premi Nobel, intorno all'anno 1927 misero a punto gli strumenti per operare nel mondo del piccolissimo: Bohr,

Heisenberg, Schrödinger, Dirac e Pauli grazie alle loro giovani menti e nonostante l'opposizione di grandi come Einstein, uscirono dal conosciuto per esplorare e formalizzare il profondo mistero della materia al livello fondamentale.

Non riuscirono a conciliare la Meccanica Quantistica con la teoria generale della relatività e l'unificazione di queste due teorie attende una soluzione ancora oggi.

Correlazione quantistica (Entanglement)

In questo capitolo tratteremo di uno degli aspetti più affascinanti della Meccanica Quantistica le cui implicazioni anche filosofiche hanno dato luogo ad innumerevoli discussioni tra gli esperti.

L'entanglement, il cui termine anglosassone fa ormai parte del comune linguaggio, si riferisce al fatto che due particelle che interagiscono (sono "entangled", cioè "correlate") anche se vengono separate ponendole a grande distanza fra loro, quando se ne sollecita una in modo da modificarne lo stato, istantaneamente si modifica lo stato anche dell'altra.

E' opportuno anticipare subito che questa definizione letta con in testa la meccanica classica porterebbe all'assurdo di poter trasmettere a qualsiasi distanza istantaneamente informazioni, assurdo che ha portato alcuni a fantasticare che su una fantascientifica astronave si possa in futuro comunicare con la Terra senza il ritardo dovuto alla velocità delle onde elettromagnetiche.

Come vedremo niente di più falso, la relatività ristretta o speciale impone che nulla possa superare la velocità della luce, nemmeno l'informazione e questo, come vedremo, è rispettato anche dall'entanglement ... purtroppo!

Cominciamo col definire cosa si intende con la dizione "due particelle correlate" prendendone proprio due che correlate lo sono per natura.

Dobbiamo rifarci all'atomo ed alla sua ormai ben noto modello con i suoi elettroni che ruotano intorno al nucleo sia che li si veda come particelle sia che li si consideri onde.

Il principio d'esclusione di Pauli impone che in ogni orbita possano esistere contemporaneamente al massimo due elettroni se dotati di spin opposti *(ricordo che lo spin è una forma di momento angolare associato ad una particella che concorre a definire lo stato quantico della particella ed e' assimilabile alla rotazione di un oggetto intorno al proprio asse e che può assumere valori interi o frazionari).*

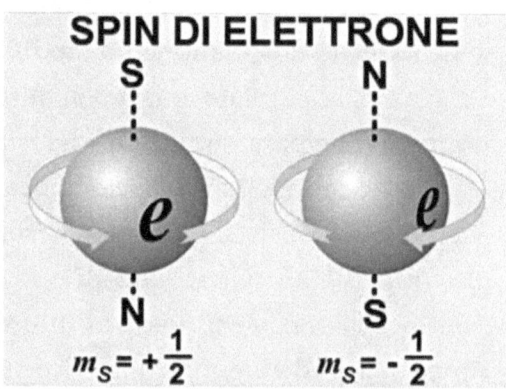

Se questi elettroni estratti dall'atomo appartenevano alla stessa orbita allora possiamo sicuramente affermare che sono correlati o entangled in quanto la struttura dell'atomo imponeva loro un legame in base al quale se cambiava lo spin di uno, l'altro doveva assumere un valore opposto per appartenere alla stessa orbita.

Se osserviamo uno dei due elettroni all'esterno dell'atomo mentre sono correlati, cioè se ne misuriamo lo stato, la sovrapposizione sparisce e individuiamo con precisione il suo spin e quindi quello dell'altro elettrone risulterà correlato sarà con spin opposto come nella immagine seguente.

ELETTRONI ENTANGLED A

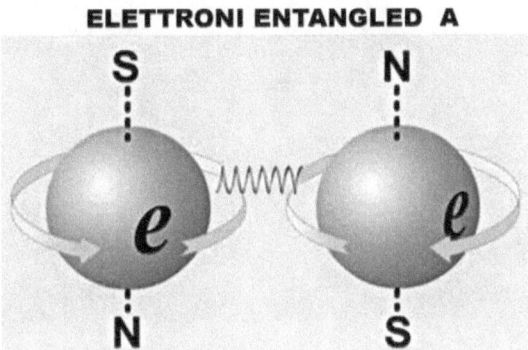

Se modifichiamo lo spin del primo elettrone, la matematica dimostra che anche l'altro elettrone cambierà, per quanto lontano, modificando il suo spin.

Tra i due elettroni esiste pertanto un legame ovunque li si trasporti ed a qualunque distanza tra loro li si ponga.

ELETTRONI ENTANGLED B

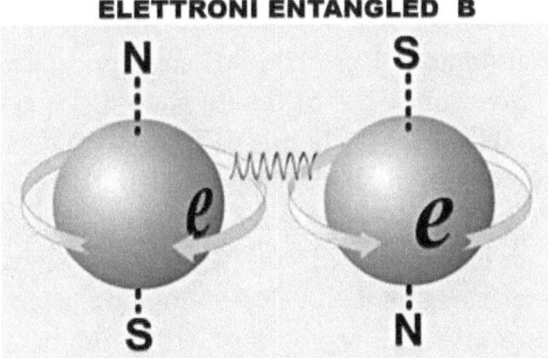

Al limite, se fossero posti in due lontane galassie il loro legame quantistico rimarrebbe inalterato ed al modificarsi lo stato di uno, l'altro assumerebbe lo stato complementare.

L'ENTANGLEMENT FUNZIONA ANCHE SE I DUE ELETTRONI FOSSERO SU DUE LONTANE GALASSIE

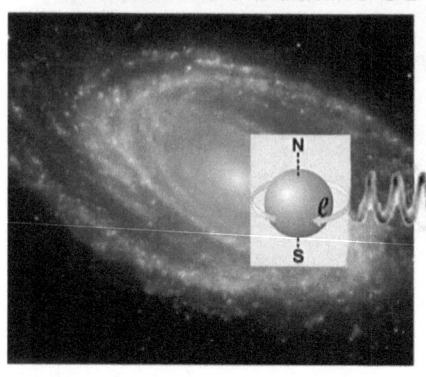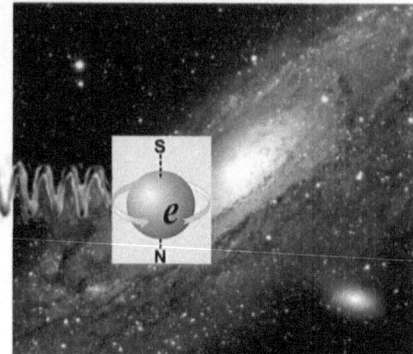

Quanto detto è anti-intuitivo se letto con gli occhi della meccanica classica, mentre nel mondo quantistico è una naturale conseguenza dei principi che abbiamo più volte enunciato.

L'entanglement è spiegato dall'analisi dello spazio matematico in cui opera la Meccanica Quantistica con le sue astrazioni che non ne consentono una comprensione nel senso classico della parola.

Riprendiamoci il principio di sovrapposizione descritto nel capitolo precedente che recita "**lo stato di un sistema fisico è descritto dalla sovrapposizione di più sistemi**".

Come conseguenza anche i sistemi sovrapposti sono correlati fra loro e la descrizione matematica impone che la misura di un'osservabile di un sistema in sovrapposizione determini istantaneamente il valore degli altri sistemi correlati.

Un sistema di questo tipo lo troviamo, ad esempio, nell'atomo che abbiamo visto prima e da cui abbiamo strappato i due elettroni dalla stessa orbita e che sono correlati proprio per il loro stato di come e dove orbitano.

Rifacendoci alla formulazione che descrive il sistema nello spazio di Hilbert, sappiamo che prima che si interagisca col sistema stesso per conoscere gli spin dei due elettroni questi possono avere qualsiasi valore tra i due possibili: ci è dato conoscerne solo la probabilità mediante l'equazione d'onda.

In pratica il sistema non perturbato viene considerato, sempre matematicamente, come la sovrapposizione di infiniti possibili sistemi ciascuno dei quali può assumere un qualsiasi valore con la sua probabilità.

Se perturbiamo il sistema per misurarne lo spin, immediatamente i due elettroni assumono un preciso stato con i rispettivi spin complementari.

Ora immaginiamo di allontanare uno degli elettroni dall'altro e di perturbarne solo uno per verificarne lo spin, la domanda è: "che succede allo spin dell'altro? La risposta è che assume lo spin opposto di quello misurato perché è con quello correlato ... non può esserci alternativa, se ci fosse cadrebbe l'intera costruzione della Meccanica Quantistica che finora si è dimostrata ben solida.

Quindi la matematica impone quanto descritto e la stessa matematica prescinde dalla distanza tra i due elettroni, cioè non interviene nelle equazioni.

Ricordiamo sempre che gli elettroni non sono piccoli pezzetti di materia come palline, non sono nemmeno onde come le pensiamo quando guardiamo il mare o giochiamo con lo smartphone, sono entità onda-corpuscolo chiamate così per capirci, ma che nulla hanno a che fare con le onde ed i corpuscoli con cui trattiamo ogni giorno, l'unico modo per afferrarli sono le equazioni che li descrivono in spazi immaginari.

Dobbiamo ora chiarirci come non sia possibile sfruttare l'entanglement per inviare a distanza informazioni.

Uno scrittore di fantascienza potrebbe immaginare di creare un telegrafo istantaneo tra la Terra ed una lontanissime astronave: sarebbe semplice se non ci fosse di mezzo la Meccanica Quantistica.

Immaginiamo a Terra un operatore con uno dei due elettroni entangled, visti prima, dentro un'opportuna macchina. L'altro elettrone in una analoga apparecchiature sull'astronave.

Si potrebbe immaginare che i due operatori si siano messi d'accordo ed abbiano creato un alfabeto tipo quello Morse del telegrafo: due spin a destra = e, uno a sinistra = m, ecc. ecc.

Ed ecco che potrebbero passarsi qualsiasi informazione come i telegrafisti dell'ottocento.

Purtroppo proprio la Meccanica Quantistica, con la sua rigorosa matematica ed i suoi incredibili principi, ci informa che la cosa non è possibile e vediamo perché.

Ricordiamoci che i due elettroni, quello a terra e quello sull'astronave, fanno parte dello stesso sistema e se non sono guardati, leggi "perturbati", di ambedue non si conosce lo spin.

Ora, se l'operatore a terra guarda il suo elettrone ne individua immediatamente lo spin, ma anche sull'astronave l'elettrone assume lo spin complementare che però l'operatore sull'astronave non conosce, a meno che non gliclo telefoni l'operatore a terra.

Se l'operatore sull'astronave interagisce col sistema per conoscere lo spin del suo elettrone, altera anche lo spin a terra e solo casualmente i due spin vengono nuovamente correlati ed i due operatori non sanno quando li hanno modificati perché gli operatori stessi non possono essere perfettamente sincronizzati.

In ultima analisi ciascun operatore opera con la propria apparecchiatura come se il proprio elettrone fosse isolato ed in modalità probabilistica come descritto dall'equazione d'onda e solo comunicando con un altro mezzo convenzionale può coordinarsi con il suo corrispondente, perdendo ogni possibilità di trasmettere istantaneamente informazioni.

La semplice conclusione è che la vera informazione ha viaggiato alla velocità della luce con le onde radio tra i due operatori.

Comunque a conferma dell'esistenza del fenomeno dell'entanglement si sono fatti diversi esperimenti a terra presso vari laboratori ed anche a distanza.

Interessante è stata la verifica dell'entanglement nell'ambito di elettroni tra il CERN di Ginevra e il laboratorio INFN di Roma. In questo caso si è potuta verificare l'istantanea modifica dello spin di un elettrone a Roma a seguito della variazione dello spin a Ginevra … ma contemporaneamente gli scienziati erano interconnessi con mezzi tradizionali per passarsi le informazioni e seguire l'esperimento.

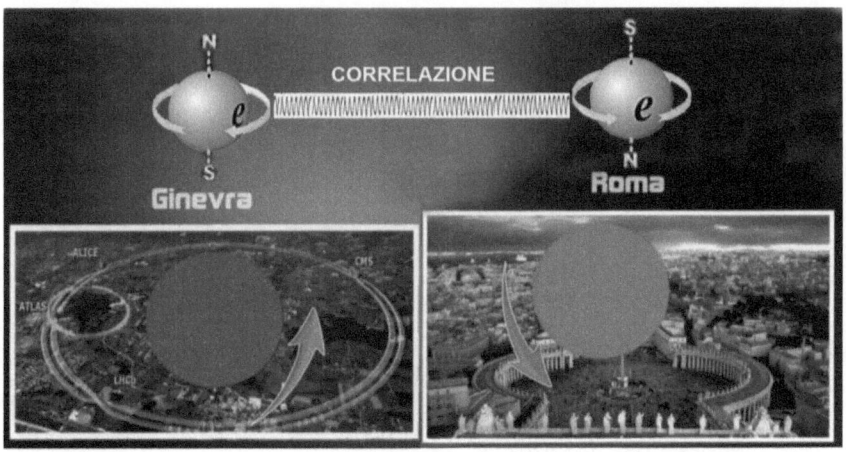

Passiamo ora a scoprire come grazie, alla produzione di quei giovani che facevano capo al gruppo dell'interpretazione di Copenaghen, oggi siamo riusciti a mappare in dettaglio le particelle fondamentali e creato un modello efficace dell'Universo ed aperto a nuove scoperte all'orizzonte oltre il bosone di Higgs.: il "**Modello Standard**".

Un'occhiata al CERN

I progressi compiuti nell'identificazione dei costituenti fondamentali della materia e delle forze fondamentali previsti dalla Meccanica Quantistica si devono soprattutto ai potenti strumenti d'indagine disponibili.

Tutto quanto sappiamo oggi è stato verificato dai grandi protosincrotroni quali il Fermilab, il CERN di Ginevra, il Linear Accelerator Center dalla Stanford University, i collisori per elettroni e positoni della Cornell University e quello presente ad Amburgo.

Al momento il più potente ed il più importante è senz'altro l'acceleratore di particelle del CERN che ha prodotto nel 2012, per la prima volta al mondo, la prova dell'esistenza del Bosone di Higgs.

L'autore di questo libro ha avuto l'opportunità di effettuare un'approfondita visita al CERN nell'anno 2014 e di cui abbiamo visto una foto, trattando del Dr. Higgs.

La fortuna ha voluto che proprio in quel periodo gli impianti del CERN fossero fermi per un ammodernamento della struttura volta ad aumentarne la potenza permettendomi di visitarlo potuto visitarlo e fotografarlo con tutta calma.

Parlando con addetti ai lavori ne ho potuto apprendere il funzionamento e capire quanto complesso sia il lavoro di tutti quegli scienziati.

Il CERN (Conseil Européen pour la Recherche Nucléaire) nasce nel 1954 ed oggi contempla 23 stati membri, tra cui l'Italia.

Suo scopo è la realizzazione di strutture per l'accelerazione di particelle (sincrociclotroni) per svolgere ricerche sulla fisica fondamentale delle particelle.

Dispone del LEP (Large Electron-Positron Collider) in grado di operare con energie fino a 100 GeV ed il LHC (Large Hadron Collider) che con i suoi 27 km di circonferenza raggiunge energie di collisione fino a 14 TeV serviti per rivelare la presenza del bosone di Higgs. Presto raggiungerà i 27 Tev per allargare la già sua formidabile capacità di esplorazione del mondo subatomico.

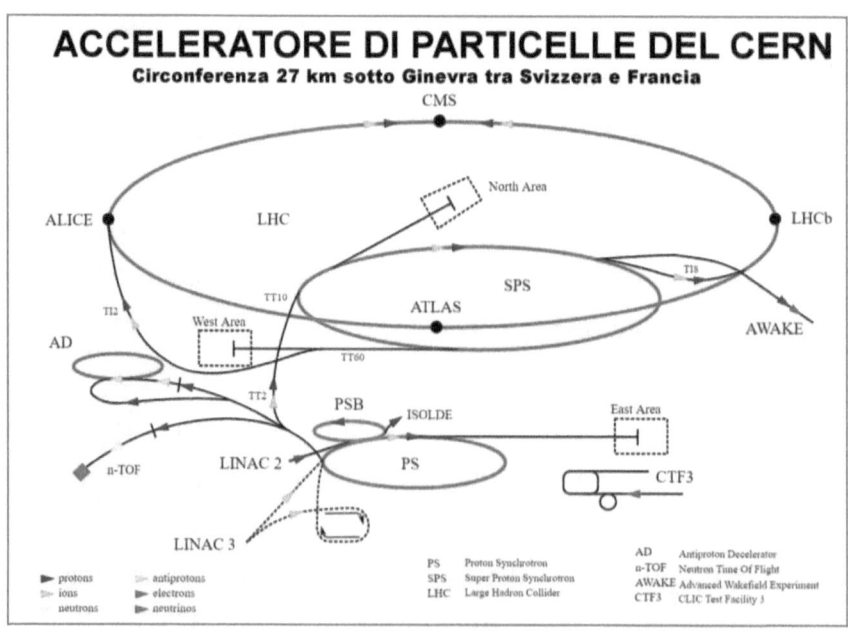

Il più grande acceleratore di particelle al mondo

Prenotando on line è possibile visitare il CERN tutto l'anno.

Ingresso al CERN

12.000 tecnici e scienziati distribuiti in tutto il mondo contribuisce agli straordinari risultati della più grande istituzione internazionale operante nella fisica delle particelle.

Il grande anello di 27 km dell'LHC dove vengono accelerati i protoni a quasi la velocità della luce si sviluppa tra la Svizzera e la Francia.

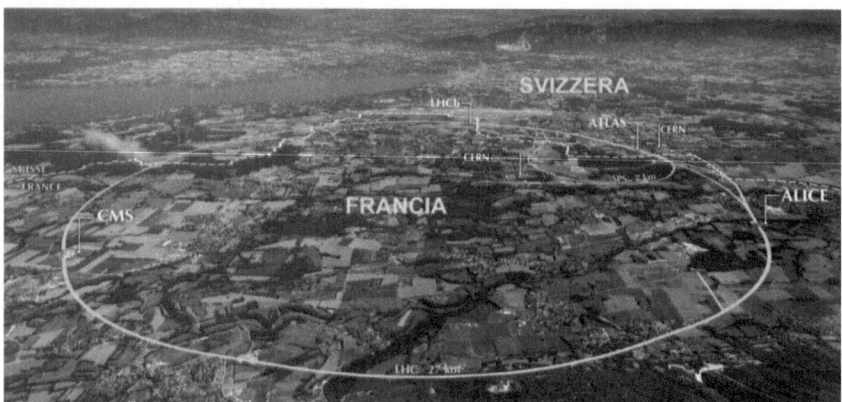

L'impianto è interamente sotto terra attraversando il confine tra Francia e Svizzera.

L'ingresso si trova dalla parte Svizzera, praticamente nella città Ginevra.

Il Large Hadron Collider (LHC) è il più grande e potente acceleratore di particelle al mondo. È stato avviato per la prima volta il 10 settembre 2008 e rimane l'ultima aggiunta al complesso di acceleratori del CERN.

E' costituito da un anello di 27 chilometri di magneti superconduttori con un numero di strutture per aumentare l'energia delle particelle lungo il percorso.

All'interno dell'acceleratore, due fasci di particelle ad alta energia viaggiano vicino alla velocità della luce prima che vengano fatti collidere.

I raggi viaggiano in direzioni opposte in tubi separati: due tubi sono tenuti sotto vuoto ultra spinto e sono guidati lungo l'anello dell'acceleratore da un forte campo magnetico gestito da elettromagneti superconduttori.

Gli elettromagneti sono costruiti da bobine di cavi elettrici speciali che funzionano in uno stato superconduttore, conducendo in modo efficiente l'elettricità senza resistenza o perdita di energia.

Ciò richiede il raffreddamento dei magneti a -271,3 ° C, una temperatura più fredda dello spazio esterno. Per questo motivo, gran parte dell'acceleratore è collegato a un sistema di distribuzione di elio liquido, che raffredda i magneti.

Migliaia di magneti di diverse varietà e dimensioni vengono utilizzati per dirigere i raggi attorno all'acceleratore. Questi includono 1.232 magneti a dipolo di 15 metri di lunghezza che piegano i raggi e 392 magneti a quadrupolo, ciascuno lungo 5-7 metri, che focalizzano i raggi.

Appena prima della collisione, un altro tipo di magnete viene utilizzato per "costringere" le particelle ad avvicinarsi tra tra loro per aumentare le possibilità di collisioni.

Le particelle sono così piccole che il compito di farle collidere è simile a sparare due aghi a 10 chilometri di distanza con una precisione tale che si incontrano a metà strada.

Tutti i controlli per l'acceleratore, i suoi servizi e l'infrastruttura tecnica sono alloggiati sotto lo stesso tetto presso il Centro di controllo del CERN. Da qui, le particelle all'interno dell'LHC vengono fatte collidere in quattro posizioni attorno all'anello dell'acceleratore, corrispondenti alle posizioni di quattro rilevatori di particelle: ATLAS, CMS, ALICE e LHCb.

LHC - LARGE HADRON COLLIDER

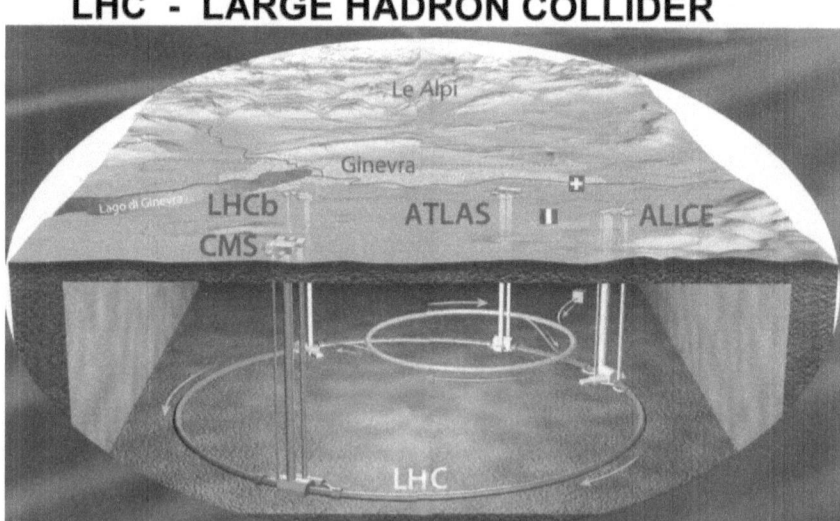

Visione sotterranea dell'intero apparato

L'anello principale dell'acceleratore visto dall'interno appare nella sua impressionante complessità. Per tutto il percorso i tecnici addetti hanno la possibilità di ispezionarne ogni parte ed è paragonabile alla galleria di un'autostrada lunga 27 km.

LHC - LARGE HADRON COLLIDER
27 km dell'annello dell'acceleratore

LHC è stato inaugurato il 2008 ed è costituito da un anello di 27 chilometri di magneti superconduttori con strutture per aumentare l'energia delle particelle lungo il percorso. Due fasci di particelle ad alta energia viaggiano in direzioni opposte, vicino alla velocità della luce, guidati da un forte campo magnetico in due tubi tenuti sotto vuoto spinto. I 1232 magneti superconduttori a dipolo di 15 metri di lunghezza sono raffreddati a -271,3 ° C, temperatura più fredda dello spazio esterno.

Appena prima della collisione, un altro tipo di magnete viene utilizzato per "stringere" le particelle più vicine tra loro per aumentare le possibilità di collisioni.

Dell'anello principale fa parte il gigantesco rivelatore CMS che nel momento della mia visita era aperto ed ho così potuto riprenderne le parti interne.

**2014 - RIVELATORE CMS FOTOGRAFATO
APERTO MENTRE IN MANUTENZIONE**

Descrizione originale del CMS.

Il CMS è un rilevatore per uso generico del Large Hadron Collider (LHC) posto sull'anello e predisposto per un vasto programma di fisica che va dallo studio del Modello Standard (incluso il bosone di Higgs), alla ricerca di particelle sconosciute che potrebbero costituire la materia oscura.

Sebbene abbia gli stessi obiettivi scientifici dell'esperimento ATLAS, utilizza diverse soluzioni tecniche e un diverso design del sistema magnetico. Il rivelatore CMS è costruito attorno a un enorme magnete a solenoide.

Ha la forma di una bobina cilindrica di cavo superconduttore che genera un campo di 4 tesla, circa 100.000 volte il campo magnetico terrestre.

Il campo magnetico è confinato da un "giogo" d'acciaio che costituisce la maggior parte del peso di 14.000 tonnellate del rivelatore.

Una caratteristica insolita del rivelatore CMS è che invece di essere costruito in situ come gli altri rivelatori giganti degli esperimenti LHC, è stato costruito in 15 sezioni a livello del suolo prima di essere calato in una caverna sotterranea vicino a Cessy in Francia e assemblato nel sito sotterraneo.

Il rivelatore completo è lungo 21 metri, largo 15 metri e alto 15 metri. L'esperimento CMS è una delle più grandi collaborazioni scientifiche internazionali nella storia, coinvolgendo 4.300 fisici delle particelle, ingegneri, tecnici, studenti e personale di supporto di 182 istituti in 42 paesi.

CMS RIVELATORE DI PARTICELLE (14 Ton)

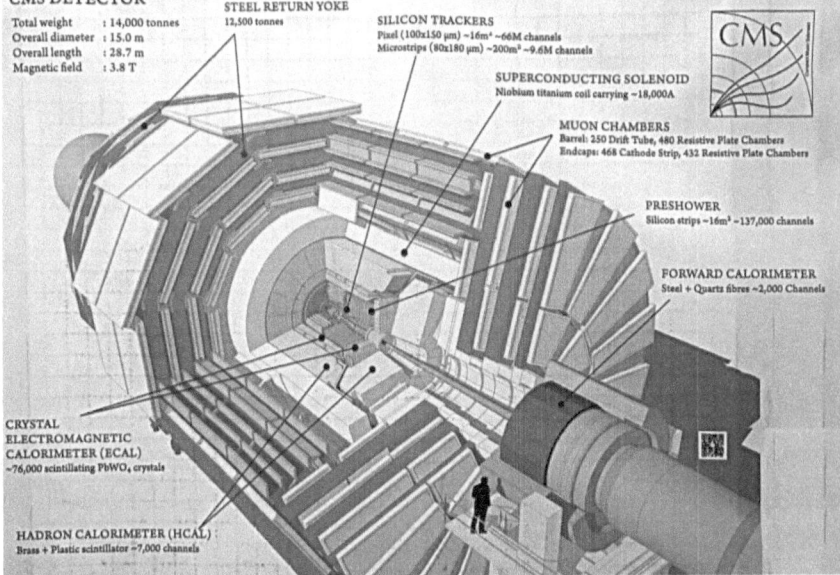

Altro elemento essenziale è la serie di cavità adibite all'accelerazione delle particelle che viaggiano a quasi la velocità della luce nell'anello.

Durante gli incontri con uno scienziato addetto all'LHC mi fu spiegato come i protoni entrino nell'anello LHC ad una velocità prossima a quella delle luce per essere stati accelerati dai due anelli più piccoli PS e SPS ed essere ulteriormente accelerati.

A quel livello di velocità raggiunto così prossimo a quello della luce praticamente la serie di cavità magnetiche più che accelerare fornendo nuova energia ai protoni, questa energia aumenta la loro massa fino a mote volte la massa a riposo e così creare degli scontri ad altissima energia.

Alla mia domanda, un po' scherzosa, se fosse possibile ingrassare quei protoni fino a farli diventare grandi come una arancia, la risposta è stata: "Ma certo, basterebbe creare un LHC grande come l'orbita terrestre, disporre di un'energia dell'ordine di un bel pezzo di Sole e la cosa sarebbe fatta!"

SERIE DI CAVITA' MAGNETICHE ACCELERANTI

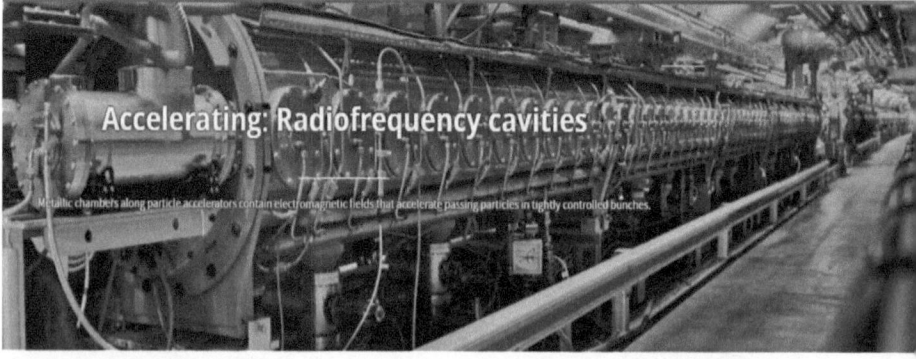

Nella realtà attuale il complesso di acceleratori al CERN è un susseguirsi in cascata di macchine che accelerano le particelle a energie sempre più elevate.

Segue l'interessante descrizione originale del processo di accelerazione con riferimento allo schema presente all'inizio di questo capitolo.

Ogni macchina aumenta l'energia di un fascio di particelle e lo inietta nella macchina successiva fino all'ultima della catena che deve raggiungere un livello di energia pari a 6,5 TeV per fascio che è un livello record al mondo.

La maggior parte degli altri acceleratori della catena ha le proprie aree sperimentali in cui i fasci vengono utilizzati per esperimenti con energie più basse.

La fonte di protoni è una semplice bottiglia di idrogeno gassoso. Un campo elettrico viene utilizzato per rimuovere gli atomi di idrogeno dai loro elettroni per produrre protoni.

Linac 2, il primo acceleratore della catena, accelera i protoni fino all'energia di 50 MeV.

Il fascio viene quindi iniettato nel Proton Synchrotron Booster (PSB), che accelera i protoni a 1,4 GeV, seguito dal Proton Synchrotron (PS), che spinge il fascio a 25 GeV.

I protoni vengono quindi inviati al Super Proton Synchrotron (SPS) dove vengono accelerati a 450 GeV.

I protoni vengono infine trasferiti ai due tubi del fascio dell'LHC. Il fascio in un tubo circola in senso orario mentre il fascio nell'altro tubo circola in senso antiorario.

Sono necessari 4 minuti e 20 secondi per riempire ogni anello LHC e 20 minuti affinché i protoni raggiungano la loro energia massima di 6,5 TeV.

I raggi circolano per molte ore all'interno dei tubi del fascio LHC in normali condizioni operative. I due raggi vengono messi in collisione all'interno di quattro rivelatori - ALICE, ATLAS, CMS e LHCb - dove l'energia totale nel punto di collisione è pari a 13 TeV.

Il complesso di acceleratori comprende il deceleratore di antiprotoni e la funzione di separazione di massa di isotopi in linea (ISOLDE) e l'area di prova del collettore lineare compatto, nonché la funzione di tempo di transizione dei neutroni (nTOF).

In precedenza ha anche fornito i Neutrini del CERN per il progetto al Gran Sasso (CNGS).

I protoni non sono le uniche particelle accelerate nell'LHC. Gli ioni di piombo per l'LHC partono da una fonte di piombo vaporizzato ed entrano nel Linac 3 prima di essere raccolti e accelerati nell'anello ionico a bassa energia (LEIR). Seguono quindi la stessa strada per la massima energia seguita dei protoni.

All'interno di ogni elemento che accelera le particelle si trova una un'unità metallica cava che ho potuto fotografare all'esterno dell'impianto.

Qui protoni ed altre particelle ricevono un impulso di energia sincronizzato ad ogni giro dell'anello, un po' come la spinta che si da all'altalena per aumentarne l'altezza ad ogni oscillazione.

Segue la complessa descrizione originale del funzionamento di queste cavità metalliche.

Per accelerare le particelle, gli acceleratori sono dotati di camere metalliche contenenti un campo elettromagnetico noto come cavità a radiofrequenza (RF).

Le particelle cariche iniettate in questo campo ricevono un impulso elettrico che le accelera.

Nel Large Hadron Collider (LHC), 16 cavità RF sono alloggiate in quattro refrigeratori cilindrici chiamati criomoduli, che consentono loro di lavorare in uno stato superconduttore.

Ogni cavità è guidata da un klystron ad alta potenza, che è un tubo contenente fasci di elettroni. I fasci di elettroni sono modulati in intensità su una frequenza di 400 MHz.

Un tubo rettangolare di metallo conduttore chiamato guida d'onda dirige l'energia verso la cavità. La forma della cavità è stata appositamente progettata per ottenere la risonanza e l'accumulo di intensità delle onde elettromagnetiche.

Ogni cavità può raggiungere una tensione massima di 2 megavolt (MV), corrispondente a 16 MV per fascio.

Le cavità RF dell'LHC portano l'energia delle 450 GeV delle particelle (1 GeV = 1 miliardo di elettronvolt) a 6,5 TeV (1 TeV = 1 milione di elettronvolt) - più di 14 volte la loro energia di iniezione.

L'energia massima viene raggiunta in circa 20 minuti con i fasci che hanno attraversato le cavità RF più di 10 milioni di volte.

Il campo in una cavità RF viene fatto oscillare a una data frequenza, quindi è importante il tempismo dell'arrivo delle particelle.

Nell'LHC, ciascuna cavità RF è sintonizzata per oscillare a 400 MHz. Quando il fascio dei protoni ha raggiunto l'energia richiesta non sarà accelerato.

Al contrario, i protoni con energie leggermente diverse che arrivano prima o dopo saranno accelerati o rallentati in modo da rimanere prossimi all'energia desiderata. In questo modo, il fascio di particelle viene suddiviso in fasci di protoni chiamati "grappoli".

Oltre a queste cavità in accelerazione, il CERN sta sviluppando cavità di nuova generazione per il successore dell'LHC, il nuovo LHC ad alta luminosità. Lo scopo di queste cavità di nuova generazione è di dare un momento trasversale per guidare le particelle mentre si avvicinano al punto di collisione.

L'intero CERN è amministrato da un immenso parco di computer che sicuramente può fare invidia alla NASA.

Una piccola porzione della sala computer

Modello standard

Veniamo al "**modello standard**" di cui il CERN ha fornito un'immensa quantità di prove sperimentali.

Il modello standard è un insieme di equazioni matematiche rappresentative del funzionamento dell'intero Universo partendo dai suoi costituenti più piccoli e dalle forze che li governano.

Il modello, ampiamente verificato da numerose prove sperimentali, parte da un piccolo istante dopo il Big Bang, istante detto **tempo di Planck (10^{-43} secondi)**, ricostruisce tutti gli eventi fino a noi oggi, dopo 13,7 miliardi di anni dall'inizio e riesce a prevederne lo sviluppo futuro per molti miliardi di anni, almeno se le ipotesi di fondo confermeranno di essere corrette.

La figura che segue mostra l'incredibile schema grafico che descrive visivamente lo sviluppo dell'Universo, come lo si ipotizza oggi in base al modello standard.

Scopriremo poi in dettaglio come si è arrivati a questo fantastico risultato, come la materia e le sue forze sono nate e interagiscano fra di loro, anticipando che, nonostante oggi molto si sappia, comunque moltissimo resta ancora da scoprire.

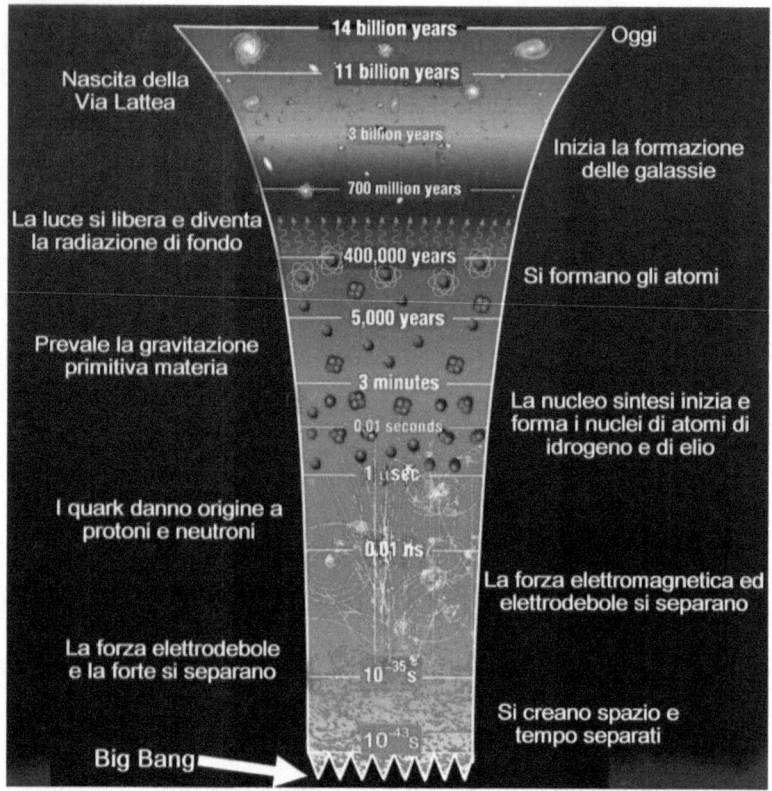

Rappresentazione secondo il modello standard della storia dell'Universo
dal Big Bang ad oggi nei suoi 14,7 miliardi di anni di vita

Cominciamo con la materia così come la si studia nelle scuole dove vengono insegnati i 92 elementi che la compongono, partendo dal più semplice l'idrogeno per finire con l'uranio.

Il primo elemento della così detta scala di Mendeleev è proprio quell'idrogeno che è stato il primo elemento sintetizzato dalla natura circa 400 mila anni dopo il Big Bang e che ancora oggi è dominante nell'Universo ed il principale carburante in tutte le stelle.

Questo elemento è il più semplice, costituito da un solo protone ed un solo elettrone come indicato nella figura che segue, figura che abbiamo già utilizzato in questo libro e che riporta anche i suoi principali parametri ed isotopi.

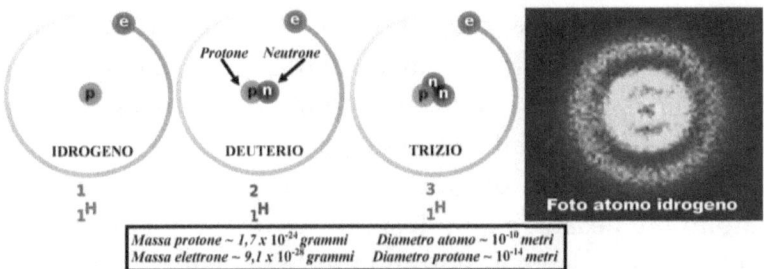

Atomo d'idrogeno costituito da un protone ed un elettrone che gli ruota intorno. Dispone di 2 isotopi: deuterio e trizio

Il protone è molto più massiccio dell'elettrone, circa 1.000 volte di più, quindi la massa dell'atomo dell'idrogeno è praticamente concentrata nel suo nucleo: questo ragionamento vale anche per tutti gli altri elementi.

Poiché nel mondo atomico si usa pesare le masse utilizzando il principio dell'equivalenza tra energia e massa, si trova che la massa del protone è pari a circa 0,9 GeV (Gigaelettronvolt).

Nota tecnica: con questa notazione sulla misura della massa delle particelle si è convenuto per semplicità di trascurare il denominatore della misura che in realtà dovrebbe essere c^2, cioè il quadrato della velocità della luce, quindi la vera massa in elettronvolt del protone è:

$$massa\ protone = \frac{0,9}{c^2}\ 10^9\ elettronvolt = \frac{0,9}{c^2}\ GeV \equiv 0,9\ GeV$$

dove c^2 è un numero enorme per cui l'energia del protone, che misura la sua massa, è un numero ovviamente piccolissimo.

Questo stesso metodo di misurare la massa con elettronvolt viene utilizzato per tutte le particelle atomiche.

Un altro dato da sapere è come gli atomi siano essenzialmente composti da vuoto infatti, sempre riferendoci all'atomo di idrogeno, il protone misura circa 10^{-15} metri di diametro, mentre l'atomo misura 10^{-10} metri di diametro, per cui l'atomo è praticamente 10.000 volte più grande del nucleo dove si concentra la massa dell'atomo stesso.

Questi ordini di grandezza non cambiano neanche per gli atomi più pesanti e quindi si capisce da questo fatto il perché le stelle di neutroni concentrando tutta la materia nel nucleo, si riducano a qualche chilometro di diametro partendo da stelle anche più grandi del Sole.

Inoltre, nella fisica atomica si è introdotta una nuova misura per le distanze atomiche che viene chiamata **"fermi"**, dal nome dello scienziato italiano e rappresenta la dimensione del diametro di un protone, quindi abbiamo circa:

$$1 \text{ fermi} = 10^{-15} \text{ metri}$$

In sostanza la nostra materia ordinaria, detta **adronica**, è praticamente costituita da vuoto.

Negli atomi più pesanti dell'idrogeno, a partire dall'elio, come sappiamo, nel nucleo compaiono anche i neutroni, particelle essenziali per tenere insieme i protoni che altrimenti, essendo caricati positivamente, si respingerebbero distruggendo l'atomo.

Contrariamente a quanto si credeva nella prima metà del secolo scorso, i protoni ed i neutroni non sono particelle elementari, mentre lo sono gli elettroni.

Come abbiamo visto in un capitolo precedente, è possibile spaccare il protone ed il neutrone e vedere cosa c'è dentro mentre, per quello che si sa oggi, questo non è possibile per l'elettrone che quindi è una particella elementare.

Ma come si possono spaccare, ad esempio, i protoni per analizzarne il contenuto? Si deve ricorrere a potentissime macchine, come il Large Hadron Collider (LHC) del CERN di Ginevra, dove grazie alle enormi energie utilizzate si riesce a far scontrare protoni lanciati ad una velocità prossima a quella della luce, scontri con una potenza tale da creare le condizioni della materia a tempi molto vicini a quelli del Big Bang e così far schizzare fuori miriadi di particelle che non esistono più oggi e la cui esistenza è stata solo prevista teoricamente.

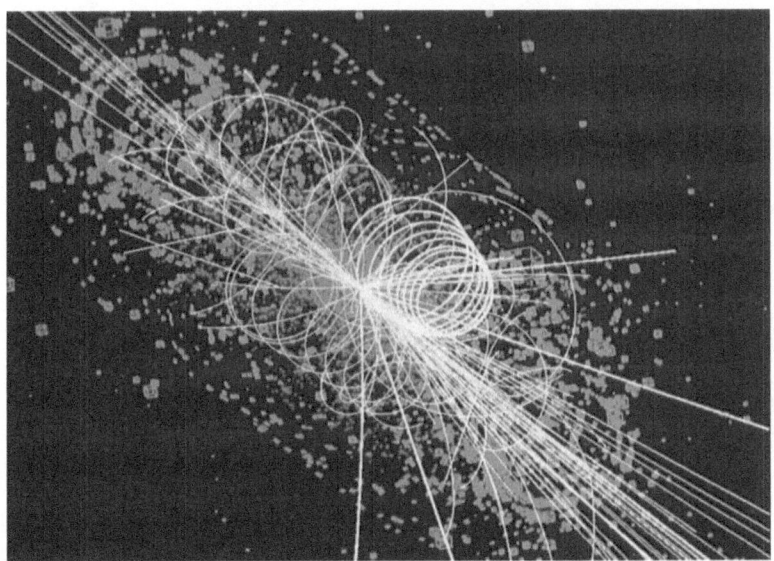

Simulazione di uno scontro tra protoni. Lo scontro genera una quantità enorme di particelle subatomiche ed pochi istanti si raccolgono milioni di immagini che poi vengono analizzate dagli scienziati

Queste particelle create artificialmente rimangono in vita per brevissimo tempo, anche solo miliardesimi di secondo, tempi comunque sufficienti per essere fotografate e poi analizzate.

Nel rivelatore CMS del CERN si è raggiunta una velocità dei protoni pari a 0,999999 volte la velocità della luce e, da un loro scontro nel 2012, si è riusciti ad individuare il famoso Bosone di Higgs, particella che è esistita solo all'origine del nostro Universo.

Utilizzando queste sofisticate tecniche conosciamo da molti anni come sono fatti i protoni ed i neutroni, cioè abbiamo scoperto le particelle elementari che li compongono e le forze che con queste particelle elementari interagiscono.

Si sa oggi che il protone è composto da 2 quark-up e da 1 quark-down ed il neutrone da 2 quark-down ed 1 quark-up.

Quindi i componenti dei nuclei atomici, neutroni e protoni, contengono ciascuno 3 quark e la loro combinazione dà origine ad una particella neutra e ad un'altra caricata positivamente.

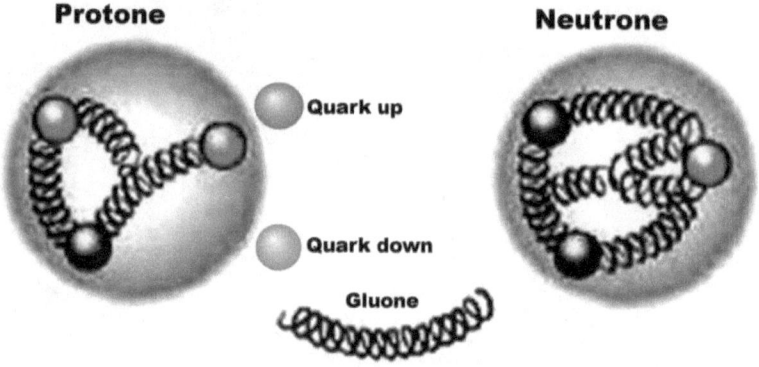

I quark-up e quark-down, uniti da gluoni, formano protoni e neutroni

Per chiarire la complessa nomenclatura che gli scienziati utilizzano per "confondere" le idee a noi, umili mortali, cito subito che **la materia reale che ci circonda, materia adronica (le cui particelle sono dette adroni), è stata divisa in materia barionica (quella con 3 quark dentro) e materia mesonica (con soli 2 soli quark dentro).**

In sostanza i neutroni ed i protoni sono **barioni**, sono cioè la materia come noi la vediamo.
I mesoni, con soli 2 quark, sono particelle molto instabili ed esistono solo nei raggi cosmici e negli acceleratori di particelle per decadere rapidamente in altre particelle..

Prima di confonderci troppo con tutti questi strani nomi vediamo lo schema conclusivo e fondamentale delle particelle elementari a cui ci porta il modello standard e che dovremo sempre tenere presente in tutte le teorie che riguardano le stelle, le galassie, i buchi neri ed ogni altro fenomeno nell'Universo.

FERMIONI

QUARK			
QUARK UP u	QUARK CHARM c	QUARK TOP t	FOTONE γ
QUARK DOWN d	QUARK STRANGE s	QUARK BOTTOM b	GLUONE g
NEUTRINO ELETTRONICO ν_e	NEUTRINO MUONICO ν	NEUTRINO TAUONICO ν_τ	FORZA DEBOLE Z^0
ELETTRONE e	MUONE μ	TAUONE τ	FORZA DEBOLE $W^\pm$

QUARK — LEPTONI — BOSONI

Modello standard: grande sintesi dei costituenti elementari della materia. I fermioni sono particelle fondamentali che costituiscono la materia, i bosoni sono le particelle che trasportano le forze che legano insieme i fermioni.

In questo schema compaiono le particelle fondamentali che stanno alla base di tutta la materia e che, nelle varie combinazioni e con le diverse forze che vi interagiscono, fanno esistere tutto quello che ci circonda, noi stessi inclusi.

La materia, così come noi la vediamo in natura, è costituita solo dalle particelle della prima colonna a sinistra, cioè **quark-up, quark-down, neutrini elettronici ed elettroni**.

Nella materia ordinaria troviamo i quark-up e quark-down che formano neutroni e protoni, costituenti dei nuclei atomici che si completano con gli elettroni.

I neutrini sono particelle con massa trascurabile e pare che invadano tutto l'Universo e qualcuno sussurra che potrebbero essere la materia oscura tanto cercata dagli scienziati.

Tutto il resto noi lo possiamo riscontrare solo nelle collisioni nei grandi acceleratori e nei raggi cosmici, come risultato di immani esplosioni celesti.

Ciò non toglie che ad un certo punto, partendo dal Big Bang, anche tutte le altre particelle abbiano avuto il loro momento di grazia, persino lo sfuggente bosone di Higgs che, seppure non compaia ancora nello schema qui sopra, oggi siamo certi che agli inizi del tempo abbia avuto il non modesto compito di dare massa a tutto il resto.

Tornando alla figura, i 12 **Fermioni** rappresentano le particelle vere e proprie, mentre i 4 bosoni rappresentano quelle che trasportano le 3 forze che agiscono all'interno dell'atomo.

Qui non figurano i gravitoni, particelle bosoniche previste, ma mai trovate e che dovrebbero trasportare la forza di gravità.

La forza di gravità a livello atomico è estremamente debole, addirittura meno di 10^{-40} volte la forza elettromagnetica e quindi trascurabile.

I quark che compaiono nello schema hanno dimensioni dell'ordine della millesima parte del protone, ammesso che di dimensione si possa parlare in quel mondo evanescente.

Vi sono importanti parametri che definiscono le proprietà di tutte queste particelle tra cui:

- *Massa espressa in elettronvolt.*

- *Carica elettrica espressa in unità e frazioni di unità.*
- *Spin, ovvero numero quantico che definisce il momento angolare.*

La combinazione di questi parametri danno origine alle caratteristiche degli elementi che costituiscono l'atomo. Ad esempio la combinazione dei parametri di spin e di carica dei 3 quark che compongono il protone gli forniscono la carica positiva, mentre quelli del neutrone si combinano in modo che la carica risultante sia neutra.

L'argomento di questa fisica subatomica è abbastanza vasto e consiglio gli interessati di consultare i testi specializzati, mentre per la nostra analisi è sufficiente sapere quanto citato.

Dobbiamo ora considerare i bosoni, cioè quelle particelle che trasmettono all'interno dell'atomo la forza forte, la forza debole e la forza elettromagnetica.

Parliamo del **fotone**, forse la particella più nota al mondo per la sua caratteristica di portare le immagini al nostro occhio ed alla nostra macchina fotografica.

Questa particella fu scoperta all'inizio del secolo scorso e già Planck ne individuò la doppia identità di onda e corpuscolo nel lontano 1900, subito seguito dall'articolo di Einstein nel 1905 sull' interazione dei fotoni con la materia.

Il gravitone, analogamente al fotone, anche se non ancora scoperto, dovrà far parte dei bosoni in quanto particella questa responsabile del trasporto della forza gravitazionale.

Analogamente il **gluone** è il portatore della forza forte che tiene insieme i protoni del nucleo soverchiando la repulsione della forza repulsiva elettromagnetica. Questa è una forza potentissima per cui gli scienziati, sempre con poca fantasia, ne hanno chiamato il trasportatore "gluone" dall'inglese glue, che vuol dire colla.

In realtà il gluone agisce sui quark ed è talmente forte, che quando si spaccano il protone ed il neutrone nel collasso delle stelle supergiganti, probabilmente esso è all'origine del buco nero ... una bella forza, non c'è che dire!

La forza debole è trasportata dagli altri due bosoni, il bosone W ed il bosone Z ed opera tra tutti i leptoni ed è all'origine del decadimento radioattivo della materia.

Con questo abbiamo concluso la descrizione delle 16 particelle che compongono l'attuale modello standard. Mancano all'appello il **Bosone di Higgs** previsto dalla teoria e trovato pochi anni fa, ed il gravitone con la sua forza di gravità.

Nonostante tali mancanze questo modello, insieme a tutte le equazioni che ne compongono la struttura, è in grado di descrivere con matematica precisione il nostro **Universo** e le molte osservazioni oggi possibili ne confermano la validità.

Le moderne teorie introducono concetti di simmetria e supersimmetria, argomenti che hanno a che a fare con l'unificazione delle forze risalendo indietro nel tempo ed avvicinandoci al Big Bang.

Con certe energie si rompono le simmetrie e le forze si uniscono; così la forza debole e quella elettromagnetica si unificano formando la forza elettrodebole ad energie superiori ai 200 GeV, cioè a tempi molto vicini al Big Bang.

Recentemente si è unificata anche la forza forte e quella elettrodebole avvicinandosi sempre più all'istante del Big Bang.

Forse un giorno si unificherà anche la forza di gravità, ma sembra che questa possibilità sia ancora molto lontana.

Concludendo non possiamo fare a meno di dare un'occhiata all'equazione che governa il modello standard, la comprensione della quale consiglio caldamente di lasciarla agli scienziati del mestiere.

$$\mathcal{L}_{SM} = \underbrace{\frac{1}{4}W_{\mu\nu} \cdot W^{\mu\nu} - \frac{1}{4}B_{\mu\nu}B^{\mu\nu} - \frac{1}{4}G^a_{\mu\nu}G^{\mu\nu}_a}_{\text{kinetic energies and self-interactions of the gauge bosons}}$$

$$+ \underbrace{\bar{L}\gamma^{\mu}(i\partial_{\mu} - \frac{1}{2}g\tau \cdot W_{\mu} - \frac{1}{2}g'YB_{\mu})L + \bar{R}\gamma^{\mu}(i\partial_{\mu} - \frac{1}{2}g'YB_{\mu})R}_{\text{kinetic energies and electroweak interactions of fermions}}$$

$$+ \underbrace{\frac{1}{2}\left|(i\partial_{\mu} - \frac{1}{2}g\tau \cdot W_{\mu} - \frac{1}{2}g'YB_{\mu})\phi\right|^2 - V(\phi)}_{W^{\pm},Z,\gamma,\text{and Higgs masses and couplings}}$$

$$+ \underbrace{g''(\bar{q}\gamma^{\mu}T_a q)G^a_{\mu}}_{\text{interactions between quarks and gluons}} + \underbrace{(G_1\bar{L}\phi R + G_2\bar{L}\phi_c R + h.c.)}_{\text{fermion masses and couplings to Higgs}}$$

Equazione completa del modello standard

Questa equazione è considerata una così importante conquista dai fisici che è diventata anche oggetto di merchandising.

Al CERN di Ginevra si possono acquistare oggetti come bicchieri, magliette ed altro, che la riportano impressa.

Due parole sullo spazio vuoto dal punto di vista quantistico, ossia il **"vuoto quantistico"**, vuoto la cui importanza scopriremo studiando i buchi neri.

Nel nostro mondo quotidiano riteniamo che sia possibile creare ovunque il vuoto semplicemente togliendo da un certo spazio tutta la materia contenuta, aria inclusa. Questo vuoto è quello che definiamo come **"assenza di materia"** o, in termini scientifici **"assenza di materia adronica"**.

Per il mondo quantistico le cose non sono così semplici; l'assenza di materia non significa che questa non si possa creare e sparire istantaneamente.

Si è infatti previsto e poi verificato che nel vuoto assoluto si creano continuamente coppie di particelle di segno opposto che poi si annichiliscono subito. Il vuoto quindi è pieno di particelle che compaiono e scompaiono in tempi non osservabili da noi umani, ma di cui possiamo constatarne gli effetti.

Stephen Hawking ha dimostrato teoricamente che, proprio per effetto di questo vuoto quantistico, i buchi neri non sono eterni ma che, catturando al loro orizzonte degli eventi una parte della coppia di particelle che si generano dal nulla, il buco nero lascia andar via l'altra parte e praticamente, col tempo, il buco nero è come se evaporasse.

Questa energia del vuoto quantistico sta avendo importanti implicazioni sul nostro concetto di Universo e su certi misteri come l'accelerazione dell'espansione dell'Universo e la materia oscura.

Abbiamo scoperto tutto? Siamo giunti ad un risultato conclusivo? Siamo oggi in possesso della chiave conoscitiva del Tutto? Possiamo accontentarci di ciò che sappiamo? La risposta è NO, assolutamente no.

Più approfondiamo la nostra conoscenza, più miglioriamo i nostri strumenti indagatori e più scopriamo che, al di là di quello che sappiamo esiste una realtà sconosciuta, un qualcosa di imprevisto ed imprevedibile.

La storia infinita della ricerca continua e continuerà forse per sempre e saremo costretti a modificare i nostri modelli continuamente od a crearne di nuovi.

Così oggi si indaga verso **l'istante iniziale**, ancora lontanissimo da noi in termini concettuali, si parla di **multi universi**, di spazi a 10 e più dimensioni, di tempo e spazio come soggetti a noi ancora ignoti nella loro essenza … ma tranquilli, la storia infinita della conoscenza ci riserverà molte interessanti sorprese ancora per molto!

Teoria delle stringhe e delle super stringhe

Cercare di risolvere l'inconciliabilità tra la Meccanica Quantistica e le teorie relativistiche di Einstein è un incubo che i fisici si portano avanti da oltre mezzo secolo.

Una delle strade a cui si è pensato nel secolo passato è stata quella di cambiare alcuni concetti su cui quelle teorie si basano, modifiche che hanno dato origine dapprima alla **teoria delle stringhe** per poi modificarsi nella **teoria delle super stringhe**.

Probabilmente qualche lettore esperto o che comunque abbia avuto modo di leggere qualcosa su questo argomento si sarà chiesto come mai, in questo libro che ho definito semi-divulgativo della serie "Panoramica Scientifica dell'Universo", trattiamo un argomento che già dal solo titolo appare alquanto astruso.

Ed in effetti non è certo semplice sviluppare un argomento di fisica teorica su cui gli scienziati stanno discutendo da qualche decennio, senza essere ancora oggi giunti ad una conclusione.

Il motivo di questa scelta è semplice: mi sono prefisso di non lasciare nel completo mistero nessun argomento che riguardi la Meccanica Quantistica, soprattutto se l'argomento è stato in qualche modo portato alla conoscenza del pubblico da articoli o trasmissioni televisive, spesso in modo corretto ma a volte fuorviando l'ascoltatore od il lettore con aggiunte fantascientifiche od interpretazioni che nulla hanno a che fare con la realtà di queste teorie.

E la teoria delle stringhe fa proprio parte di quell'area della fisica teorica che ha indotto molti autori, al di fuori del mondo accademico, a trattarla e spesso a darle un valore reale che non ha ancora.

Prima di addentrarci in questa nuova fisica subatomica dobbiamo fare qualche considerazione di fondo che ci consente di rendere meno misteriose le sue ipotesi di partenza.

Dobbiamo cioè fare un salto indietro a quando a scuola ci sono stati insegnati i primi rudimenti di geometria, si, proprio quelli dell'antica Grecia, Euclide, Pitagora ecc., per intenderci.

Forse qualcuno ricorderà i postulati, o assiomi, su cui tutta quella geometria si basa e partendo dai quali si costruiscono una serie di dimostrazioni come quella del teorema di Pitagora, ecc.

Uno dei postulati più importanti della geometria euclidea afferma che "tra due punti qualsiasi può passare una ed una sola retta"!

E penso che tutti i lettori ritengano questo postulato di tutta evidenza. Se su un foglio di carta disegniamo due punti con una matita perfettamente appuntita e poi con una squadra da disegno vi tracciamo sopra una riga, intuiamo chiaramente che il postulato è vero, su quei due punti ci passa solo una retta.

Ma attenzione, nell'affermare quel postulato probabilmente a scuola non abbiamo pensato che sottostante ci stia un'importante ipotesi: perché quell'affermazione sia vera quei due punti non devono avere alcuna dimensione! E così pure la retta deve avere una sola dimensione, la lunghezza.

Ebbene, tutto quello che ci è stato insegnato a scuola sulla geometria euclidea ha in partenza questa considerazione ideale e che non corrisponde affatto alla realtà.

Quei due punti disegnati sulla carta, per quanto noi si appuntisca bene la matita, avranno sempre tre dimensioni, uno spessore magari di solo qualche atomo e lunghezza e larghezza che, con una lente di ingrandimento, diventano chiaramente visibili.

Se quindi costruissimo una geometria non più basata su punti senza dimensioni e rette con una sola dimensione, cioè con una situazione che appartiene alla realtà, allora tutta la geometria euclidea non è più valida, per due punti passerebbero infinite rette, ecc. ecc.

E per dirla tutta, qualche matematico ha costruito una **"geometria quantistica"** partendo dall'ipotesi che il punto abbia dimensioni col risultato che, per esempio, la somma degli angoli interni di un triangolo non risulta più di 180 gradi ma "quasi di 180 gradi".

Premesso quanto sopra, veniamo alle nostre stringhe, che così non diventano più tanto strane, nel senso che ad un certo punto qualche fisico si è posto esattamente la domanda che ci siamo fatti sul punto geometrico. Ha pensato: "fino ad ora abbiamo creato una struttura teorica della fisica del mondo basando le equazioni sull'ipotesi di punti senza dimensioni, struttura che funziona perfettamente in certi ambiti, esattamente come la geometria che si studia a scuola, ma se ora in quelle equazioni cambiamo le ipotesi e diciamo che quei punti hanno una dimensione, che cosa succede alla teoria?"

Ecco che così si costruisce una nuova teoria i cui risultati possono essere rivoluzionari rispetto alla precedente e magari conciliarsi meglio con la realtà dove la vecchia teoria trovava delle contraddizioni.

Modificando quell'ipotesi iniziale e dando una dimensione a ciò che prima non ne aveva è nata una fisica delle particelle tutta nuova che ha portato a dei risultati a volte interessanti e che si conciliano con la realtà.

Altre volte sicuramente in contraddizione con certe verifiche, per cui in quasi cinquanta anni si è passati da momenti di grande eccitazione ad altri di profondo pessimismo ed oltre alla creazione delle teoria delle stringhe semplici si è passati alle super stringhe e ad altre strane forme subatomiche di cui ancora oggi non si vede la conclusione.

Venendo alla teoria delle stringhe, fin dagli anni settanta del secolo scorso i teorici hanno cercato di conciliare la relatività generale con la Meccanica Quantistica ed in particolare di inserire l'importante principio di indeterminazione nella nuova teoria sulla gravitazione di Einstein.

Anticipo subito che nonostante tutti gli sforzi di eminenti scienziati, la cosa a tutt'oggi non è ancora riuscita.

Sia chiaro che stiamo parlando di conciliare le due teorie dal punto di vista matematico a cui poi sarebbero dovuti seguire gli esperimenti per verificarle nella realtà.

E' così che negli anni ottanta, alcuni scienziati hanno pensato di introdurre nuove teorie basandosi su un'ipotesi completamente nuova. Come abbiamo spiegato nella premessa di questo capitolo, si sono detti: che cosa succede alle nostre equazioni se anziché considerare le particelle elementari come puntiformi, cioè senza alcuna dimensione, ipotizziamo invece che abbiano una dimensione, appunto come delle stringhe, ed aggiustiamo le equazioni su questa supposizione?

Entrando un po' più nel dettaglio, i teorici hanno poi verificato che queste stringhe ideali, ma descrivibili matematicamente come si fa ad esempio col teorema di Pitagora, vibrando in diversi modi, con le loro vibrazioni darebbero origine alle diverse particelle elementari che noi troviamo nei nostri esperimenti.

La teoria poi prosegue supponendo come queste stringhe si possano unire, separare e queste azioni, invisibili a noi, siano alla base dell'assorbimento e dell'emissione delle particelle come noi le osserviamo negli esperimenti.

Le stringhe, e le vibrazioni che si propagano su di esse, hanno dimensioni infinitamente piccole e quindi invisibili ad ogni tentativo di vederle con i nostri attuali strumenti d'indagine.

Tutto quanto detto appare ovviamente a noi, comuni mortali, come una fantasiosa costruzione di qualche scienziato matto, ma in realtà non è proprio così.

L'iniziale teoria delle stringhe forniva una spiegazione matematica della forza forte ed in parte risolveva certe incongruenze della forza di gravità per cui fu accettata da parte di molti fisici come una strada da indagare.

*Due scienziati di fama mondiale, **John Schwarz e Mike Green**, nel 1984, utilizzando la teoria delle stringhe, riuscirono a spiegare lo strano comportamento di alcune particelle che fino ad allora le teorie note non spiegavano.*

Questo fatto rese la teoria delle stringhe argomento ancor più degno di ulteriori investigazioni, seppure non esistesse ancora una dimostrazione sufficiente dell'esistenza reale delle stringhe.

Lo sviluppo della teoria portò ad argomenti ancora più astrusi e che rientrano nell'area definita delle super stringhe dove, per rendere coerenti certi risultati teorici, si è dovuto addirittura supporre che le dimensioni in cui agiscono siano o 11 o 26 e non solo le nostre 4.

Si è ulteriormente supposto che il motivo per cui le dimensioni aggiuntive non si rendono visibili a noi è perché sarebbero arrotolate in uno spazio infinitesimo, tanto piccolo che non saremo mai in grado di verificarle ma che le equazioni della teoria ne richiedono l'esistenza.

Abbiamo così sfiorato un argomento che persino la fantascienza avrebbe difficoltà ad immaginare, ma è bene che si sappia come in questo momento l'argomento è oggetto di profondi studi, di avanzati corsi di fisica teorica e, forse, di incredibili sviluppi che influenzeranno la nostra conoscenza dell'Universo.

Cenni di biologia quantistica

Tratteremo brevemente di un argomento non nuovo, ma che negli ultimi tempi sta acquisendo un'importanza particolare per le prove sperimentali aprendo la via a speranze innovative per applicazioni sulla vita umana.

La Meccanica Quantistica si occupa della descrizione del comportamento della materia alla scala subatomica e di materia sono fatti anche gli esseri viventi, anche noi, per cui è evidente che abbia a che fare anche con la vita.

In fondo tutti gli atomi di cui è composto il nostro corpo obbediscono alle leggi della Meccanica Quantistica ed è dell'influenza di quelle leggi su di noi e su tutti gli esseri viventi che si occupa la biologia quantistica.

La biologia quantistica è un campo scientifico ancora relativamente inesplorato in cui fisici teorici, chimici e biologi molecolari di tutto il mondo stanno lavorando raccogliendo dati sperimentali e intuizioni speculative nel comune intento di fare luce su alcuni aspetti ancora poco chiari della biologia.

Per comprendere di cosa si occupi questa branca della fisica vediamo qualche esempio

ORIENTAMENTO MIGRATORIO DEGLI UCCELLI

Varie specie viventi, uccelli, tartarughe, insetti ecc. riescono ad emigrare seguendo precise rotte senza che a noi sia dato capire a quali riferimenti terrestri si appoggino per orientarsi.

Si è sospettato molti anni fa che fossero in grado di "vedere" il campo magnetico terrestre e qualche test ha dimostrato come questa ipotesi fosse vera, solo che il campo magnetico terrestre è debolissimo e non si è mai riusciti a comprendere come questi esseri viventi potessero essere in grado di rilevarlo per orientarsi.

Recentemente uno studio dell'Università di Irvine, USA, ha provato come esista in certi esseri viventi una bussola biologica basata su una particolare proteina, mentre un'altra università di Oxford ha ipotizzato come esistano fenomeni quantistici di entanglement nelle molecole ottiche di alcuni volatili.

Una descrizione del fenomeno parte da quando le molecole ottiche vengono colpite da un fotone di luce e quindi gli elettroni della molecola si eccitano e vengono liberati, mantenendo uno stato di entanglement, per poi riunirsi in una nuova molecola che li ingloba.

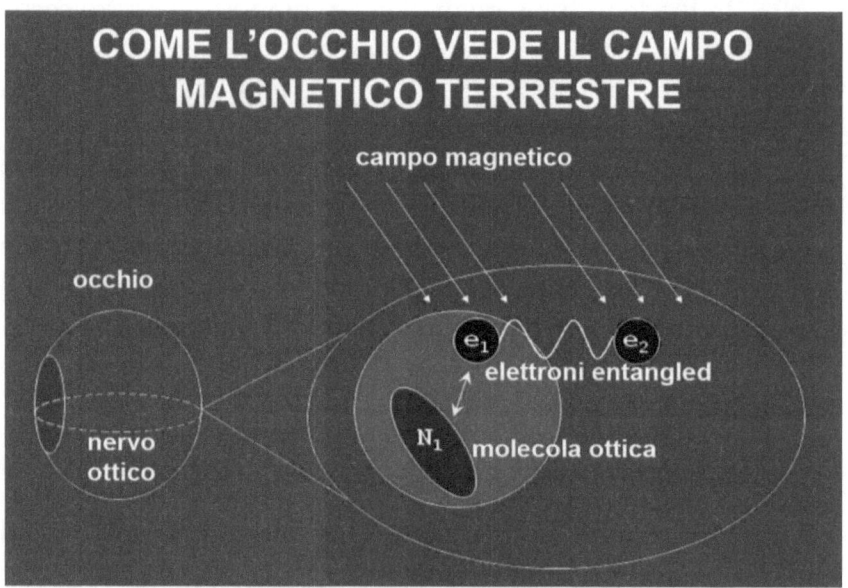

Meccanismo visivo degli uccelli migratori

Nel percorso gli spin degli elettroni sono influenzati dal magnetismo terrestre e quando si riaggregano alla molecola, trasportando l'informazione del campo e restituendo il fotone che li aveva eccitati in precedenza e colpendo il nervo ottico.

Il nervo ottico è così predisposto per "vedere" il campo magnetico terrestre e quindi agisce sulla porzione del cervello adibito alla visione: l'animale vede così il campo magnetico come fosse una luce che il cervello interpreta per la navigazione e l'orientamento. Lo schema di funzionamento quantistico del processo è raffigurato nella immagine precedente.

FOTOSINTESI QUANTISTICA

Da tempi immemorabili l'efficienza rappresentata dalla fotosintesi che la natura usa per trasformare onde luminose in energia ha generato profonda curiosità. I tecnici che operano nell'area dell'energia pulita cercano da tempo di raggiungere l'efficienza che la natura ha dato alle piante senza esserci ancora riusciti.

Pare proprio che la natura trovi la via migliore per ottimizzare i processi utili alla vita e pare che ora si sia vicini a capirne i meccanismi: chissà che prima o poi non si riesca imitaarla

Il meccanismo di fotosintesi consiste in fotoni che colpiscono gli elettroni delle foglie che ne assorbono l'energia e rimbalzando all'interno della foglia rilasciano l'energia eccedente a una molecola che a sua volta crea il carburante chimico per alimentare la pianta.

La fisica classica non riusciva a spiegare questo processo dal punto di vista energetico e soprattutto la sua efficienza, ma ora forse siamo vicini a capirlo.

Infatti anche in questo caso la Meccanica Quantistica sta fornendo la sua spiegazione e non da molto tempo. Secondo recenti ricerche si è dimostrato che le foglie utilizzano il fenomeno di coerenza quantistica e di sovrapposizione degli stati durante il processo di fotosintesi e quindi entra in gioco il fenomeno dell'entanglement.

La spiegazione dell'efficienza deriverebbe dal fatto che le molecole delle foglie, che si trovano a breve distanza fra loro, sono in uno stato di sovrapposizione quantistica per cui le molecole non devono percorrere un singolo percorso, ma percorrerebbero tutti gli stati in sovrapposizione simultaneamente.

Da questo fenomeno quantistico deriverebbe la rapidità e l'efficienza del processo in quanto l'eccitazione riguarderebbe più molecole che, dal punto di vista quantistico, rappresentano un unico sistema pur essendo fisicamente separate.

In pratica le molecole di clorofilla catturano i fotoni e li trasportano al centro reattivo dove poi vengono trasformati in energia chimica, seguendo più vie contemporaneamente. Il processo quantistico di sovrapposizione spiegherebbe come fanno a raggiungere efficientemente il centro reattivo disperdendo una minima quantità di energia e con elevata velocità.

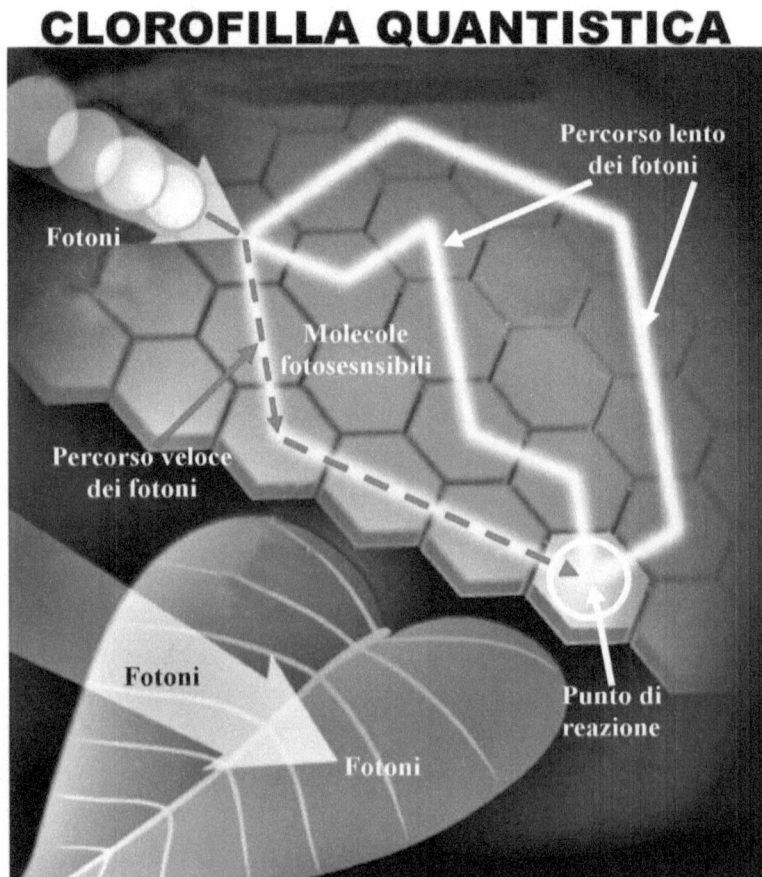

CLOROFILLA QUANTISTICA

Percorso lento dei fotoni

Fotoni

Molecole fotosesnsibili

Percorso veloce dei fotoni

Fotoni

Punto di reazione

Fotoni

CERVELLO QUANTISTICO

Che la Meccanica Quantistica possa spiegare come la mente operi è ormai argomento dibattuto ampiamente nel mondo scientifico.

I primi a farne delle ipotesi nella metà del secolo scorso furono proprio scienziati del calibro di John Von Neumann, colui che ha posto le basi del moderno computer ed inoltre David Bohm e Roger Penrose riconosciuti scienziati di primordine.

Penrose è arrivato ad affermare come la mente sia quantistica e che è questa proprietà superiore degli esseri umani che non potrà mai essere raggiunta da un computer, leggi intelligenza artificiale, come si direbbe oggi.

L'affermazione di Penrose era supportata dal fatto che nel nostro cervello cento miliardi di neuroni rilasciano e trasmettono segnali verso migliardi di destinazioni, capacità ancora oggi lontanissima da qualsiasi sistema creato dall'uomo.

Seppure quella inarrivabile complessa realtà del nostro cervello pare ancora per molti scienziati ben lungi dal poter essere simulata da strumenti, dobbiamo ammettere che con l'avvento dei computer quantistici e del qubit la situazione potrebbe cambiare in futuro.

Oggi si discute e si fanno ricerche per comprendere il funzionamento di certe nostre attività cerebrali basandole sulla conoscenza della fisica quantistica. Partendo infatti dalla teoria così detta di Penrose-Hameroff (PE) si è teorizzato che il nostro cervello basi il suo funzionamento proprio su proprietà quantistiche.

Questa teoria, nell'ipotesi denominata Orch-OR (Orchestrated objective reduction), afferma che la coscienza ha origine da processi all'interno dei neuroni e non nelle connessioni tra i neuroni.

Il meccanismo suggerito da Penrose sostiene che esista una relazione diretta tra le vibrazioni quantistiche dei microtubuli all'interno dei neuroni e la formazione della nostra coscienza che sarebbero entangled, cioè correlati come definisce la Meccanica Quantistica.

Sempre secondo questa teoria l'atto di coscienza consisterebbe nel collasso della funzione d'onda che governa lo stato quantico globale e che collega i microtubuli del cervello.

Quindi l'emergere della coscienza si verificherebbe quando una moltitudine di microtubuli all'interno dei neuroni ed in stato di coerenza quantistica collassa la funzione d'onda che li governa dando origine ad un momento di coscienza.

Al momento della scrittura di questo libro è confermata sperimentalmente la presenza di vibrazioni quantistiche nei microtubuli dei neuroni cerebrali, ma siamo solo all'inizio della nostra investigazione sulla operatività quantistica della nostra mente e chissà quali sorprese ci riserva il futuro in questo ambito!

CERVELLO QUANTISTICO

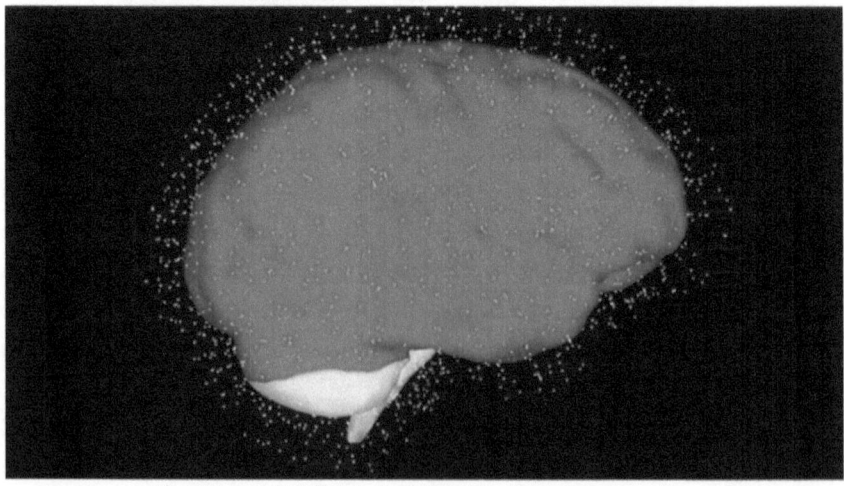

Il mistero di effetti di Entanglement del cervello

Glossario

ACCELERATORE DI PARTICELLE Una macchina che, usando degli elettromagneti, può accelerare particelle cariche in movimento, dando loro maggiore energia.

ACCELERAZIONE Il ritmo a cui varia la velocità di un oggetto. anno-luce La distanza percorsa dalla luce in un anno (9,4605 x 1012 km).

ADRONE Particella composta da costituenti legati dall'interazione forte (quark e gluoni). Adroni sono i mesoni e i barioni.

ANNICHILAZIONE Processo in cui una particella incontra la corrispondente antiparticella ed entrambe scompaiono. L'energia appare in qualche altra forma.

ANTIMATERIA Materia composta da antifermioni. I fermioni sono la materia nell'Universo e le loro antiparticelle "antimateria".

ANTIPARTICELLA Ogni tipo di particella materiale ha una sua corrispettiva antiparticella. Quando una particella si scontra con la sua antiparticella, esse si annichilano a vicenda e rimane soltanto energia.

ATOMO L'unità di base della materia ordinaria, composta da un minuscolo nucleo (formato da protoni e neutroni) circondato da elettroni orbitanti.

BARIONE Adrone composto da tre quark. Sono barioni il protone e il neutrone. Possono anche contenere un'addizionale coppia quark/antiquark.

BIG BANG La singolarità all'origine dell'Universo.

BIG CRUNCH La singolarità alla fine dell'Universo.

BOSONE Particella che ha un momento angolare intrinseco (spin) intero, misurato in unità (spin = 0, 1, 2 ...). Sono bosoni le particelle associate alle interazioni (o forze) fondamentali. Sono bosoni anche le particelle composte da un numero pari di fermioni (quark).

BOSONE DI HIGGS Dal nome del fisico inglese Peter Higgs. Tutti i campi di Higgs possiedono particelle caratteristiche chiamate bosoni di Higgs. Il termine "bosone di Higgs" è in genere riservato alla particella elettrodebole del campo di Higgs utilizzata per la prima volta nel 1967-68 da Steven Weinberg e Abdus Salam per spiegare la rottura della simmetria elettrodebole. E' stata rilevata al Large Hadron Collider del CERN il 4 luglio 2012 con una massa di 125 GeV.

BUCO NERO Una regione dello spazio-tempo dalla quale non può sfuggire nulla, neppure la luce, a causa della fortissima gravità che vi domina.

CAMPO DI HIGGS Utilizzato per qualsiasi campo di energia di fondo aggiunto a una teoria dei campi quantistici per innescare la rottura della simmetria attraverso il meccanismo di Higgs. L'esistenza del campo di Higgs spiega la rottura della simmetria in una teoria dei campi quantistici della forza elettrodebole. La sua esistenza è avallata dalla scoperta della nuova particella chiamata "bosone di Higgs" al CERN.

CAMPO MAGNETICO Il campo responsabile delle forze magnetiche, ora incorporato, insieme al campo elettrico, nel campo elettromagnetico.

CAMPO Qualcosa che ha un'estensione nello spazio e nel tempo (a differenza di una particella, che si trova solo in un determinato punto per volta).

CARICA DI COLORE Numero quantico che determina la partecipazione a interazioni forti. Solo i quark e i gluoni sono dotati di cariche di colore diverse da zero. I colori dei quark sono tre: rosso, blu e verde; gli antiquark si presentano con gli anticolori: antirosso, antiblu e antiverde.

CARICA ELETTRICA Proprietà di una particella grazie alla quale essa puO respingere (o attrarre) altre particelle aventi una carica di segno simile (od opposto).

CERN Il principale laboratorio europeo internazionale, dotato di vari acceleratori, situato presso Ginevra, in Svizzera.

CHIRALITÀ La proprietà, posseduta da due oggetti, di essere l'uno l'immagine speculare, non direttamente sovrapponibile, dell'altro. Come nel caso della mano destra e sinistra.

CONFINI, CONDIZIONE DELL'ASSENZA DI L'idea secondo la quale l'Universo e finito ma non ha confini.

COORDINATE Numeri che specificano la posizione di un punto nello spazio e nel tempo.

COSMOLOGIA Lo studio dell'Universo nella sua totalità.

COSTANTE COSMOLOGICA Espediente matematico usato da Einstein per dare allo spazio-tempo una tendenza intrinseca a espandersi.

DIMENSIONE SPAZIALE Ciascuna delle tre dimensioni dello spazio (vale a dire, ogni dimensione dello spazio-tempo eccetto quella del tempo).

DUALITÀ ONDA-PARTICELLA Nella Meccanica Quantistica, concetto per il quale non c'e distinzione tra onde e particelle; le particelle possono a volte comportarsi come onde, e le onde come particelle.

DUALITÀ Una corrispondenza fra teorie che, pur in apparenza differenti, conducono ai medesimi risultati fisici.

ELETTRONE Particella di carica elettrica negativa che orbita intorno al nucleo di un atomo.

ENERGIA DELL'UNIFICAZIONE ELETTRODEBOLE L'energia (di circa 100 GeV) al di sopra della quale la distinzione tra la forza elettromagnetica e la forza debole viene a scomparire.

EVENTO Un punto nello spazio-tempo, specificato dal suo tempo e luogo.

FASCIO Il getto di particelle prodotto da un acceleratore; solitamente le particelle di un fascio si muovono raggruppate in "pacchetti", cioè formano un getto non continuo, ma intermittente.

FASE Per un'onda, la posizione nel suo ciclo in un determinato momento: una misura che ci dice se si trova in corrispondenza di una cresta, di un ventre, o in un punto intermedio.

FERMIONE Particella che ha un momento angolare intrinseco (spin) multiplo dispari di 1/2 (1/2, 3/2 ...), misurato in unità di h-tagliato. I fermioni sottostanno al "principio di esclusione di Pauli", che stabilisce che due fermioni non possono esistere nello stesso stato nello stesso momento.

FORZA DEBOLE Dopo la gravità, e la più debole delle quattro forze fondamentali e ha un raggio d'azione molto ridotto. Agisce su tutte le particelle materiali, ma non sulle particelle portatrici di forze.

FORZA ELETTROMAGNETICA La forza che si genera fra particelle dotate di carica elettrica; tra le quattro forze fondamentali, essa è al secondo posto in ordine di intensità.

FORZA FORTE La più forte delle quattro interazioni fondamentali, nonché quella con il raggio d'azione più limitato. Essa tiene legati i quark all'interno dei protoni e dei neutroni, e tiene insieme i protoni e i neutroni a formare gli atomi.

FOTONE Un quanto di luce.

FREQUENZA Per un'onda, il numero di cicli completi al secondo.

FUSIONE NUCLEARE Il processo nel quale due nuclei collidono e si fondono in un unico nucleo più pesante.

GEODETICA La via più breve (o più lunga) tra due punti.

GLUONE Il mediatore di forza delle interazioni forti.

GRAVITONE Il mediatore di forza delle interazioni gravitazionali; non è stato ancora osservato direttamente.

GRANDE TEORIA UNIFICATA (GTU) Teoria che unifica le forze elettromagnetica, forte e debole.

INDETERMINAZIONE, PRINCIPIO DI Il principio, formulato da Heisenberg, secondo il quale non possiamo mai conoscere con esattezza sia la posizione sia la velocità di una particella; quanto è maggiore la precisione con cui conosciamo l'una, tanto meno accuratamente potremo conoscere l'altra.

LHC Il Large Hadron Collider (grande collisore per adroni) del laboratorio del CERN presso Ginevra, in Svizzera.

LUNGHEZZA D'ONDA La distanza tra due creste o due ventri consecutivi di un'onda.

MASSA La quantità di materia in un corpo; la sua inerzia, o resistenza all'accelerazione.

MATERIA OSCURA La materia contenuta all'interno delle singole galassie, nei gruppi di galassie e forse anche negli spazi che separano i diversi gruppi, che non può essere osservata direttamente, ma la cui presenza può essere rilevata per via dei suoi effetti gravitazionali. Circa il 90 per cento della massa complessiva dell'Universo potrebbe essere costituito dalla materia oscura.

MECCANICA QUANTISTICA La teoria sviluppata a partire dal principio quantistico di Planck e dal principio di indeterminazione di Heisenberg.

MECCANISMO DI HIGGS Dal nome del fisico inglese Peter Higgs. Il meccanismo descrive come un campo di fondo, chiamato campo di Higgs, possa essere aggiunto a una teoria dei campi quantistici per rompere la simmetria della cromodinamica quantistica (QCD).

MESONE Adrone composto da un numero pari di quark. La struttura basilare della maggior parte dei mesoni è di un quark e un antiquark.

MODELLO STANDARD Nome della teoria delle particelle e interazioni fondamentali, descritta in queste pagine. E' ampiamente verificata negli esperimenti ed è accettata come corretta dai fisici delle particelle

NEUTRINO Particella estremamente leggera che è soggetta solo alla forza debole e alla gravità.

NEUTRONE Particella molto simile al protone, ma priva di carica; i neutroni costituiscono grosso modo la metà delle particelle presenti nel nucleo di un atomo.

NEUTRONI, STELLA DI La stella fredda che a volte rimane dopo l'esplosione di una supernova, quando il nucleo di materiale al centro di una stella collassa in una densa massa di neutroni.

NUCLEO La parte centrale di un atomo, formata solo da protoni e neutroni tenuti insieme dalla forza forte.

ORIZZONTE DEGLI EVENTI Il confine di un buco nero.

PARTICELLA ELEMENTARE Una particella che si ritiene non possa essere ulteriormente suddivisa.

PARTICELLA VIRTUALE Nella Meccanica Quantistica, una particella che non può mai essere individuata direttamente, ma dalla cui esistenza dipendono comunque effetti misurabili.

POSITRONE L'antiparticella dell'elettrone.

PESO La forza che un campo gravitazionale esercita su un corpo, è proporzionale alla massa, ma non si identifica con essa.

PONTE DI EINSTEIN-ROSEN Un piccolo tunnel dello spazio-tempo che collega fra loro due buchi neri. Vedi Tunnel spazio-temporale.

POSITRONE L'antiparticella (di carica positiva) dell'elettrone.

PRINCIPIO ANTROPICO L'idea secondo la quale vediamo che l'uni-verso è fatto in questo particolare modo perché, se esso fosse diverso, non potremmo essere qui a contemplarlo.

PRINCIPIO QUANTISTICO DI PLANCK L'idea secondo cui la luce (o qualsiasi altra onda classica) può essere emessa o assorbita solo in quanti discreti, la cui energia è proporzionale alla loro lunghezza d'onda.

PROTONE Particella molto simile al neutrone, ma di carica positiva; i protoni costituiscono grosso modo la meta delle particelle presenti nel nucleo della maggior parte degli atomi.

QUARK Particella elementare, dotata di carica, soggetta alla forza forte. Sia i protoni sia i neutroni sono composti ciascuno da tre quark.

RADAR Sistema che utilizza impulsi di onde radio per scoprire la posizione degli oggetti, misurando it tempo impiegato da un singolo impulso per raggiungere l'oggetto, esserne riflesso e ritornare all'apparecchiatura.

RADIAZIONE DI FONDO A MICROONDE La radiazione emessa durante i primi istanti di vita dell'Universo, quando la sua temperatura era incredibilmente elevata; oggi e a tal punto spostata verso it rosso che non ci appare pin sotto forma di luce, bensì come microonde (onde radio con una lunghezza d'onda di pochi centimetri).

RADIOATTIVITÀ Il decadimento spontaneo di un tipo di nucleo atomico in un altro.

RAGGI GAMMA Raggi elettromagnetici di lunghezza d'onda estremamente ridotta, prodotti nel decadimento radioattivo o da collisioni di particelle elementari.

RED SHIFT Vedere spostamento verso it rosso.

RELATIVITÀ GENERALE La teoria di Einstein basata sull'idea che le leggi della scienza dovrebbero essere le stesse per tutti gli osservatori, indipendentemente dal loro movimento. Questa teoria spiega la forza di gravità nei termini della curvatura di uno spazio-tempo quadridimensionale.

RELATIVITÀ SPECIALE La teoria di Einstein basata sull'idea che le leggi della scienza dovrebbero essere le stesse per tutti gli osservatori, indipendentemente dal loro movimento, in assenza di fenomeni gravitazionali.

SAPORE Nome che designa i diversi tipi di quark (up, down, strange, charm, bottom, top) e i diversi tipi di leptoni (elettrone, muone, tau; per ciascun sapore di leptone carico c'è un corrispondente sapore di neutrino). In altre parola, il sapore è il numero quantico che distingue i diversi tipi di quark e leptoni. Ogni sapore di quark e leptone carico è di massa diversa dagli altri. Per i neutrini non si sa se hanno massa, e quale.

SECONDO-LUCE La distanza percorsa dalla luce in un secondo (300.000 chilometri).

SINCROTRONE Tipo di acceleratore circolare in cui le particelle si muovono raggruppate in "pacchetti" sincronizzati.

SINGOLARITÀ Un punto nello spazio-tempo in corrispondenza del quale la curvatura spazio-temporale (o un altro valore fisico) diventa infinita.

SPAZIO-TEMPO Lo spazio quadridimensionale i cui punti sono gli eventi.

SPETTRO Le frequenze componenti che costituiscono un'onda. La parte visibile dello spettro del Sole può essere osservata in un arcobaleno.

SPOSTAMENTO VERSO IL ROSSO (RED SHIFT) L'arrossamento, dovuto all'effetto Doppler, della luce proveniente da una stella che si sta allontanando da noi.

STRINGHE, TEORIA DELLE Una teoria fisica nella quale le particelle vengono descritte come onde che si muovono lungo stringhe (o corde). Le stringhe hanno una lunghezza, ma nessun'altra dimensione.

TUNNEL SPAZIO-TEMPORALE (WORMHOLE) Un piccolo cunicolo dello spazio-tempo che collega fra loro regioni distanti dell'Universo. I tunnel spazio-temporali potrebbero anche collegare il nostro Universo con altri universi paralleli o neonati, e potrebbero offrirci la possibilità di compiere dei viaggi nel tempo.

WORMHOLE E' un tunnel spazio-temporale.

ZERO ASSOLUTO La temperatura più bassa possibile, alla quale le sostanze non hanno energia termica che corrisponde a

-273,15 gradi centigradi pari a 0 gradi Kelvin.

Grandi Scienziati

Nelle pagine che seguono sono riportate brevi biografie di 16 scienziati che, con i loro lavori, hanno contribuito alla realizzazione della Meccanica Quantistica..

Sono fisici teorici, fisici sperimentali e matematici, a loro dobbiamo molto.

Sono elencati in ordine di data di nascita partendo dalla più recente.

Carlo Rovelli 1956
Hawking 1942 - 2018
Higgs 1929
Feynman 1918 - 1988
Heisenberg 1901 - 1976
Dirac 1902 - 1984
Fermi 1901 - 1954
John von Neumann (1903 - 1957)
Louis de Broglie 1892 - 1987
Schrödinger 1887 1961
Nels Bohr 1885 - 1962
Max Born 1882 - 1970
Albet Einstein 1879 - 1955
Hilbert 1862 - 1943
Max Planck 1858 - 1947
Democrito 460 a. C. - 370 a. C.

Carlo Rovelli (1956)

Nasce a Verona il 3 maggio 1956. Fisico teorico e scrittore, ha lavorato in Italia, negli Stati Uniti e in Francia.

La sua principale attività scientifica è nell'ambito della teoria della gravità quantistica a loop (loop quantum gravity), di cui è uno dei fondatori.

Si è occupato anche di storia e filosofia della scienza, della nascita del pensiero scientifico e in particolare della posizione di Anassimandro nello sviluppo della riflessione scientifica dell'umanità.

Noto per i suoi contributi al problema della gravità quantistica allo scopo di conciliare la relatività generale e la Meccanica Quantistica.

In collaborazione con Lee Smolin e Abhay Ashtekar ha fondato la teoria della gravità quantistica a loop per descrivere le proprietà quantistiche dello spazio e del tempo.

Ha collaborato alla "Meccanica Quantistica relazionale, alla "Meccanica senza tempo" ed alla "Storia e filosofia della scienza".

Tra i molti riconoscimenti si annoverano la Laurea Honoris Causa Universidad de San Martin a Buenos Aires, Professore Onorario della Università Normale di Pechino, Premio Letterario Merck, Premio letterario Galileo, Premio Xanthopoulos e Primo premio "community".

Tra i suoi libri più importanti figurano: Fatti nostri, Che cos'è il tempo? Che cos'è lo spazio?, Che cos'è la scienza. La rivoluzione di Anassimandro, La realtà non è come ci appare Sette brevi lezioni di fisica, L'ordine del tempo, Ci sono luoghi al mondo dove più che le regole è importante la gentilezza.

Stephen Hawking (1942 – 2018)

Nato ad Oxford l'8 gennaio 1942, Stephen è uno dei più importanti astrofisici del nostro tempo.

Studente geniale, non per i modesti voti che prendeva a scuola, ma per il suo interesse nello smontare ogni apparecchiatura che gli capitava tra le mani per capirne il funzionamento.

Si è laureato a pieni voti in fisica all'università di Oxford da dove poi è passato al Trinity Collage di Cambridge per approfondire i suoi studi in matematica ed in fisica.

A 20 anni lo colpì la sclerosi laterale amiotrofica che lo costrinse a vivere su una sedia a rotelle, ma che non ha impedito di continuare i suoi studi e le sue ricerche.

Con l'utilizzo di un sintetizzatore vocale per comunicare, Hawking ha sviluppato nuove teorie cosmologiche ed occupa oggi nel mondo un posto paragonabile a quello di Einstein.

La sua notorietà scientifica si deve alle sue pubblicazioni sulla formazione ed evoluzione galattica, sulla termodinamica dei buchi neri, sull'inflazione cosmica e sui modelli cosmici.

Ha pubblicato molti testi divulgativi ed anche di libri per bambini per spiegare, con parole semplici concetti difficili come i buchi neri e l'origine dell'Universo.

Ha teorizzato l'esistenza della vita in altri mondi ed il pericolo per noi se esseri intelligenti giungessero sulla Terra da altri lontani pianeti: afferma che faremmo la fine dei nativi americani, dopo l'arrivo dalle loro parti di Cristoforo Colombo nel 1942.

Numerosissimi i riconoscimenti accademici e le onorificenze che ha ottenuto durante il suo percorso scientifico, non ultima la Liberty Medal offertagli da Obama. Manca solo il premio Nobel.

Dopo aver ricoperto importanti cattedre universitarie, oggi a 74 anni è direttore del dipartimento di matematica e fisica teorica al Trinity Collage di Cambridge, sino alla sua morte.

Peter Higgs (1929)

Peter Higgs nasce il 29 maggio 1929 a Newcastle upon Tyne, Northumberland, Inghilterra. Grande fisico britannico a cui è stato assegnato il Premio Nobel nel 2013 per la fisica per aver proposto l'esistenza del bosone di Higgs. Ha condiviso il premio con il fisico belga François Englert.

Laureatosi in fisica presso il King's College, fu ricercatore dal 1955 al 1956 presso l'Università di Edimburgo e poi ricercatore dal 1956 al 1958 e docente dal 1959 al 1960 presso l'Università di Londra. Divenne docente di fisica matematica a Edimburgo nel 1960 e vi trascorse il resto della sua carriera, diventando lettore di fisica matematica dal 1970-1980 e professore di fisica teorica dal 1980 al 1996.

Si è ritirato dall'insegnamento nel 1996. Il primo lavoro di Higgs riguarda la fisica molecolare ed il calcolo degli spettri vibrazionali delle molecole.

Nel 1956 inizia a lavorare alla teoria dei campi quantistici e nel 1964 descrive quello che in seguito divenne noto come il meccanismo di Higgs, in cui un campo scalare (cioè un campo presente in tutti i punti dello spazio) dà massa alle particelle ed in cui predice l'esistenza di un bosone pesante.

Il meccanismo di Higgs fu scoperto in modo indipendente nel 1964 da Englert e dal fisico belga Robert Brout e da un altro gruppo composto dai fisici americani Gerald Guralnik e Carl Hagen e dal fisico britannico Tom Kibble senza menzionare la possibilità di un bosone massiccio.

Dopo la scoperta delle particelle W e Z nel 1983, l'unica parte rimanente della teoria elettrodebole che necessitava di conferma era il campo di Higgs e il suo bosone. Nel luglio 2012 gli scienziati del Large Hadron Collider del CERN hanno provato la presenza del bosone di Higgs in base ad un segnale che era probabilmente proveniente da un bosone di Higgs con una massa di 125-126 GeV. La conferma che la particella era il bosone di Higgs è stata annunciata nel marzo 2013.

Richard Feynman (1918 – 1988)

Richard Feynman nasce l'11 maggio 1918 a New York e muore il 15 febbraio 1988 a Los Angeles. Fisico teorico americano ricostruì l'elettrodinamica quantistica e modificò il modo in cui la scienza comprende la natura delle onde e delle particelle. Nel 1965 ottenne il premio Nobel per la fisica per i fenomeni elaborati in modo diverso da Maxwell per la luce, le radio onde, l'elettricità e il magnetismo. Ha inventato, nuovi strumenti di rappresentazioni visuale di interazioni di particelle noti come diagrammi di Feynman.

Ha studiato fisica al Massachusetts Institute of Technology, dove con la sua tesi di laurea del 1939 ha proposto un approccio originale al calcolo delle forze nelle molecole. Ha conseguito il dottorato alla Princeton University nel 1942.

A Princeton ha sviluppato un approccio alla Meccanica Quantistica governata dal principio della minima azione e sostituendo il quadro elettromagnetico sviluppato da Maxwell con uno basato interamente sulle interazioni delle particelle mappate nello spazio e nel tempo. Feynman ha calcolato le probabilità di tutti i possibili percorsi che una particella potrebbe intraprendere andando da un punto ad un altro.

Durante la seconda guerra mondiale ha partecipato allo sviluppo della bomba atomica a Los Alamos. Alla Cornell University dal 1945 al 1950 studiò le questioni fondamentali dell'elettrodinamica quantistica. Nel 1950 divenne professore di fisica teorica al California Institute of Technology (Caltech), dove rimase il resto della sua carriera.

Importante è il suo lavoro nel correggere le inesattezze delle precedenti formulazioni dell'elettrodinamica quantistica, la teoria che spiega le interazioni tra radiazione elettromagnetica e particelle subatomiche cariche come elettroni e positroni. Nel 1948 Feynman completò questa ricostruzione di gran parte della Meccanica Quantistica e dell'elettrodinamica e risolse problemi dove la vecchia teoria quantistica elettrodinamica non riusciva.

Werner Heisenberg (1901 – 1988)

Werner Heisenberg nasce il 5 dicembre 1901 a Würzburg in Germania e muore il 1 ° febbraio 1976 a Monaco. Fisico e filosofo tedesco che scoprì nel 1925 un modo per formulare la Meccanica Quantistica in termini di matrici. Per quella scoperta, gli fu conferito il premio Nobel per la fisica per il 1932. Nel 1927 pubblicò il suo "principio di indeterminazione". Contribuì alle teorie dell'idrodinamica dei flussi turbolenti, del nucleo atomico, del ferromagnetismo, dei raggi cosmici e delle particelle subatomiche e fu determinante nella pianificazione del primo reattore nucleare della Germania occidentale a Karlsruhe, insieme a un reattore di ricerca a Monaco nel 1957.

Nel 1910 divenne professore di filologia greca all'Università di Monaco, poi entrò nel Maximillians-Gymnasium ed infine passò all'Università di Monaco nel 1920 dove col suo professore Arnold Sommerfeld sviluppò il modello quantico dell'atomo che spiegava l'effetto Zeeman, introducendo numeri quantici a mezzo intero, una nozione in contrasto con la teoria di Bohr.

Fu studente di Max Born all'Università di Gottinga dove incontrò anche Bohr. Nel 1925 con Bohr presso l'Università di Copenaghen affrontò il problema delle intensità dello spettro dell'elettrone come un oscillatore anarmonico concludendo come si debba solo considerare quantità osservabili.

Il formalismo di Heisenberg si basava sulla moltiplicazione non commutativa e poteva essere espresso usando l'algebra matriciale. Born, Heisenberg e Jordan con l'articolo "Sulla Meccanica Quantistica II", introducono la nuova Meccanica Quantistica. All'istituto di Bohr a Copenaghen, le loro conversazioni culminarono nel documento di riferimento di Heisenberg del marzo 1927, "Über den anschulichen Inhalt der quantentheoretischen Kinematik und Mechanik" ("Sul contenuto percettivo della cinematica e meccanica teorica quantistica") in cui il momento (p) e la posizione (x) di una particella non potevano essere misurati esattamente e contemporaneamente.

Paul Adrian Maurice Dirac (1902 – 1984)

Nasce l'8 agosto 1902 a Bristol, Gloucestershire, Inghilterra e muore il 20 ottobre 1984 a Tallahassee, Florida. Fisico teorico inglese che uno dei fondatori della Meccanica Quantistica e dell'elettrodinamica quantistica. Famoso per la sua teoria quantistica relativistica dell'elettrone del 1928 e per la sua previsione dell'esistenza del positrone.

Nel 1933 condivise il premio Nobel per la fisica con Erwin Schrödinger. I suoi scritti sono capolavori letterari grazie alla loro perfezione nella forma e nelle espressioni matematiche.

Dirac studiò ingegneria elettrotecnica all'Università di Bristol dal 1918 al 1921. Entrò all'Università di Cambridge come studente di ricerca nel 1923 dove aveva un insegnante personale in Ralph Fowler, conoscitore della nuova teoria quantistica. Nel 1925 lesse un articolo di Werner Heisenberg sul modello atomico di Bohr e la nuova Meccanica Quantistica ed in una serie di articoli del 1926 ha ulteriormente sviluppato quelle idee generalizzandole. Poi combinò l'approccio a matrice con i potenti metodi della meccanica ondulatoria di Schrödinger e l'interpretazione statistica di Born in uno schema generale, la teoria della trasformazione, che fu il primo completo formalismo matematico della Meccanica Quantistica. Lo si considera l'iniziatore dell'elettrodinamica sviluppando metodi per quantizzare le onde elettromagnetiche e inventò la cosiddetta seconda quantizzazione.

Nel 1928 Dirac pubblicò quella l'equazione delle onde relativistiche per l'elettrone. Per soddisfare la condizione di invarianza relativistica l'equazione di Dirac richiedeva una combinazione di quattro funzioni d'onda e quantità matematiche relativamente nuove note come spinori. L'equazione descriveva anche lo spin degli elettroni una caratteristica fondamentale per le particelle quantistiche. Soddisfatto dell'interpretazione secondo cui le leggi fondamentali che regolano le particelle microscopiche sono probabilistiche.

Enrico Fermi (1901 – 1954)

Nasce il 29 settembre 1901 a Roma e muore il 28 novembre 1954 a Chicago. Scienziato americano di origine italiana uno dei principali architetti dell'era nucleare.

Ha sviluppato le statistiche matematiche per chiarire una grande classe di fenomeni subatomici, ha esplorato le trasformazioni nucleari causate dai neutroni e ha diretto la prima reazione a catena controllata di fissione nucleare.

Premio Nobel per la fisica nel 1938 ed il Fermilab, il National Accelerator Laboratory, in Illinois, prende da lui il nome. 1918 entra alla Scuola Normale Superiore dell'Università di Pisa dove ha conseguito un dottorato nel 1922.

Dal 1924 docente di fisica matematica all'Università di Firenze e le sue prime ricerche riguardavano la relatività generale, la meccanica statistica e la Meccanica Quantistica. Artefice delle statistiche di Bose-Einstein, sviluppo le statistiche note come Fermi-Dirac.

A Roma creò un gruppo con Emilio Segrè, Ettore Majorana, Edoardo Amaldi e Bruno Pontecorvo con cui ha scoperto che i neutroni lenti erano più efficaci per la fissione, ma non è stato in grado di interpretarlo.

La questione fu risolta teoricamente e sperimentalmente nel 1938 da chimici tedeschi come frammenti di fissione dell'uranio.

Il premio Nobel per la fisica del 1938 gli fornì la scusa per espatriare negli Stati Uniti dove iniziò alla Columbia University. Realizzò la fissione controllata per produrre energia con un reattore nucleare.

Divenne responsabile del sincrociclotrone presso l'Università di Chicago nel 1951. Firmò nel 1939 la lettera di Einstein al Presidente Roosevelt per lo sviluppo della bomba atomica a cui collaborò. Nel 1944 si trasferì a Los Alamos per il Progetto Manhattan per la costruzione della bomba atomica.

John von Neumann (1903 – 1957)

Nasce il 28 dicembre 1903 a Budapest e muore l'8 febbraio 1957 a Washington, DC. Matematico americano di origine ungherese è uno dei più grandi matematici del mondo ed i suoi lavori influenzarono la teoria dei quanti, la teoria degli automi, l'economia e la pianificazione della difesa.

E' stato il pioniere della teoria dei giochi e insieme ad Alan Turing e Claude Shannon è stato uno degli inventori del moderno computer digitale.

Studiò chimica e matematica ed ha conseguito una laurea in ingegneria chimica nel 1925 presso l'Istituto federale svizzero di Zurigo e un dottorato in matematica nel 1926 presso l'Università di Budapest.

Dal 1926 al 1927 von Neumann svolse un lavoro post-dottorato sotto Hilbert all'Università di Gottinga sull'assiomatizzazione della matematica e con lui pubblicò nel 1932 *"The Mathematical Foundations of Quantum Mechanics"*.

Nel 1933 divenne uno dei primi professori all'Institute for Advanced Study (IAS) di Princeton. Nel 1943, su invito di Oppenheimer, iniziò a lavorare al Progetto Manhattan.

Nel 1944 pubblicò Theory of Games and Economic Behaviour. Dal 1944, ha contribuito alla creazione del computer ENIAC come macchina a programma memorizzato. Pubblicò libri sul design del computer digitale basato su quella che poi fu definita "macchina di von Neumann".

Fu membro della Commissione per l'energia atomica e consigliere del presidente Eisenhower. Ha previsto come una macchina possa riprodursi da semplici componenti leggendo il proprio codice "genetico". Nel 1956 ricevette il premio Enrico Fermi. Agnostico per tutta la vita, poco prima della sua morte si convertì al cattolicesimo romano. Paul Samuelson giudicò von Neumann "un genio così intelligente da vedere attraverso se stesso. Con il suo lavoro cardine sulla teoria quantistica, la bomba atomica e il computer, von Neumann ha esercitato un influenza significativa sul mondo moderno.

Louis de Broglie (1892 _ 1987)

Nasce il 15 agosto 1892 a Dieppe in Francia e muore il 19 marzo 1987 a Louveciennes. Fisico francese famoso per le ricerche sulla teoria quantistica e per aver capito la natura ondulatoria degli elettroni che nel 1929 gli mertò il premio Nobel per la fisica..

Disponeva col fratello Maurice un laboratorio ben attrezzato nella villa di famiglia a Parigi, ma puro teorico, amava una visione generale e filosofica delle scienze.

Si interessò ai lavori di Max Planck e Albert Einstein che lo indussero a studiare fisica teorica alla Sorbona.

Nel 1924 scelse per la sua tesi di dottorato la fisica atomica e sviluppò la sua teoria rivoluzionaria delle fisica onda-corpuscolo: la materia su scala atomica ha proprietà di onda. L'idea era apparsa da Einstein 20 anni prima quando suggerì che in alcune condizioni la luce di breve lunghezza d'onda si comportava come fosse composta da particelle, un'idea che è stata confermata nel 1923 e che de Broglie generalizzò con la dualità per la materia.

Questa conclusione ha risolto il problema del moto degli elettroni all'interno dell'atomo. L'idea di De Broglie di un elettrone con le proprietà di un'onda spiegava il suo comportamento nell'atomo. Il trionfo dell'intuizione come origine dell'indagine scientifica fu un grande contributo di Broglie. Einstein approvò apertamente il lavoro di Broglie.

Divenne professore di fisica teorica nel 1928 presso l'istituto Henri Poincaré, dove insegnò fino al suo ritiro nel 1962. Fu consigliere per l'atomica francese e la fisica, nel 1952.

Membro straniero della British Royal Society e membro dell'Accademia delle Scienze francese. Sostenne che le cause sottostanti della Meccanica Quantistica non potevano essere delineate in un senso finale, ma con il passare del tempo, tornò alla sua precedente convinzione che le teorie statistiche nascondessero "un fatto completamente determinato e la realtà verificabile dietro le variabili che sfuggono alle nostre tecniche sperimentali".

Erwin Schrödinger (1887 – 1961)

Erwin Schrödinger nasce il 12 agosto 1887 a Vienna e muore il 4 gennaio 1961 a Vienna. Fisico teorico austriaco contribuì alla teoria ondulatoria della materia e ad altri fondamenti della Meccanica Quantistica. Ha condiviso il Premio Nobel per la fisica del 1933 con il fisico britannico Dirac.

Si laureò all'Università di Vienna nel 1906 e conseguì il dottorato nel 1910. Nel 1921 frequentò l'Università di dove nel 1926, ha dato le basi della meccanica delle onde quantiche con la equazione differenziale con cui descrive il comportamento del mondo atomico.

Le soluzioni dell'equazione sono funzioni d'onda che possono essere correlate solo al probabile verificarsi di eventi fisici. Questo aspetto della teoria quantistica rese Schrödinger e molti altri fisici profondamente. Famosa fu il paradosso del gatto del 1935 in cui il gatto si troverebbe in una sovrapposizione di due stati: vivo e morto.

Dal 1927 al 1933 successe a Planck all'Università di Berlino. In seguito frequentò Austria, Gran Bretagna, Belgio, Pontificia Accademia delle Scienze a Roma e nel 1940 - l'Istituto per gli studi avanzati di Dublino.

Nel 1944 pubblicò "What Is Life?" per spiegare la stabilità della struttura genetica con la Meccanica Quantistica. Il libro rimane una delle intuizioni più profonde sull'argomento.

Nel 1956 tornò a Vienna come professore emerito all'università locale. Si distinse per la sua straordinaria versatilità intellettuale. Era a suo agio nella filosofia e nella letteratura di tutte le lingue occidentali e la sua scrittura scientifica popolare in inglese è tra le migliori del suo genere. Il suo studio sull'antica scienza e filosofia greca, sintetizzato nel 1954 in "Nature and the Greeks" prova la sua ammirazione per la visione scientifica del mondo greco. La visione metafisica di Schrödinger è espressa nel suo ultimo libro del 1961 "Meine Weltansicht".Niels Bohr (1885 – 1962).

Max Born (1882 - 1970)

Max Bornnasce l'11 dicembre 1882 a Breslau, Germania e muore a Gottinga il 5 genaio 1970. Fisico tedesco e premio Nobel per al fisica nel 1954 assieme a Walther Bothe per l'interpretazione probabilistica della Meccanica Quantistica.

Ha frequentato studi di fisica e matematica nelle università di Breslau, Heidelberg, Zurigo e Gottinga. All'università di Gottinga scrisse nel 1906 la sua tesi di laurea sulla stabilità di fili e nastri elastici ed ottenne il dottorato nel 1907. Ha soggiornato all'Università di Cambridge, a Breslavia studiando la teoria della relatività speciale di Albert Einstein. A Gottinga fu assistente del fisico matematico Hermann Minkowski.

Nel 1915 Born accettò una cattedra come assistente del fisico Max Planck all'Università di Berlino. Nel 1915 pubblicò il suo libro "Dynamik der Kristallgitter", nel 1919 fu nominato professore ordinario all'Università di Francoforte. Nel 1921 divenne professore di fisica teorica all'Università di Gottinga.

Come collaboratori e studenti lo frequentarono Wolfgang Pauli, Werner Heisenberg, Pascual Jordan, Enrico Fermi, Fritz London, P.A.M. Dirac, Victor Weisskopf, J. Robert Oppenheimer, Walter Heitler e Maria Goeppert-Mayer.

Nel 1925 studiò Heisenberg e comprese come le entità matematiche di Heisenberg fossero matrici rappresentative delle osservabili. Con Heisenberg e Jordan, Born formulò gli aspetti della Meccanica Quantistica nella sua versione a matrice. Fu dimostrato che la formulazione di Schrödinger e la formulazione di Heisenberg fossero matematicamente equivalenti. Nel 1926 Born presentò due articoli in cui formulò la descrizione Meccanica Quantistica dei processi di collisione.

Emigrò in Inghilterra per le leggi razziali e nel 1936 professore all'Università di Edimburgo. Ccittadino britannico nel 1939 e rimase a Edimburgo fino al suo pensionamento nel 1953.

Albert Einstein (1872 – 1955)

Forse il più grande e più noto scienziato del secolo scorso, nasce il 14 marzo 1879 a Ulma in Germania. Dopo un passaggio in Italia col padre industriale nel mondo dei prodotti elettrici dell'epoca, si iscrive al Politecnico di Zurigo dove si laurea nel 1900 in fisica e matematica, materie per cui ha una grande passione. Una volta laureato inizia la sua attività come impiegato dell'ufficio brevetti, ove alterna lavoro e studio.

Nel 1905 pubblica negli Annalen der Physik, principale rivista scientifica tedesca, 3 articoli che lo renderanno famoso: il primo sull'effetto fotoelettrico, il secondo sul moto browniano ed il terzo sull'elettrodinamica dei corpi in movimento (oggi denominata teoria speciale della relatività).

Nel 1914 diventa direttore all'Istituto di Fisica di Berlino e nel 1915 pubblica la sua Teoria Generale della Relatività. Nel 1921 gli viene assegnato il premio Nobel per la Fisica per il suo lavoro sull'effetto fotoelettrico pubblicato nel 1905.

Nel 1933 in USA per una conferenza presso l'Università di Princeton, decide di non tornare in Germania per le leggi razziali approvate in quel Paese proprio in quel momento.

Profondo pacifista comunque, nel 1940 scrive una famosa lettera al presidente Roosvelt per convincerlo sulla necessità di costruire la bomba atomica prima della Germania, lettera di cui si pentirà.

I meriti, i riconoscimenti, le idee scientifiche e politiche di questo grandissimo scienziato riempiono intere biblioteche e le sue teorie resistono ad ogni prova pratica tanto che sono ancora oggi la base di tutte le teorie cosmologiche.

Einstein muore a Princeton il 18 maggio 1955 a 76 anni, ancora convinto, come disse con una sua famosa frase "che Dio non gioca a dadi", alludendo alla Meccanica Quantistica verso la quale nutriva profondi dubbi.

David Hilbert (1862 – 1943)

Matematico tedesco ricordato come estensore della geometria euclidea con l'introduzione 20 assiomi, partendo dai quali costruì una geometria completamente nuova. Hilbert afferma testualmente che : "Se la geometria tratta di *cose*, gli assiomi non sono verità evidenti in sé, ma devono essere considerati arbitrari".

Hilbert enumera i concetti indefiniti che sono: punto, retta, piano, giacere su (una relazione fra punto e piano), stare fra, congruenza di coppie di punti, e congruenza di angoli. Così il sistema di assiomi riunisce in un solo insieme la geometria euclidea piana e solida.

Famosi sono i 23 problemi che Hilbert propose nel 1900 con l'intento di riorganizzare l'intera matematica. Questi problemi comunicati in modo organico alla comunità dei matematici erano da lui ritenuti i problemi più cruciali che dovevano essere risolti.

Il suo tentativo di assiomatizzazione completa della matematica non riuscì e solo Gödel nel 1931 con i suoi teoremi di incompletezza dimostrò come fosse impossibile.

Hilbert scoprì le equazioni di campo per la teoria della relatività generale di Albert Einstein, ma non ne rivendicò la scoperta. Un articolo del 1997 su Science[1] mostra come Hilbert inviò il suo articolo il 20/11/1915, cinque giorni prima di quello di Einstein, con le equazioni corrette. Hilbert comunque scrisse: "Le equazioni differenziali della gravitazione ottenute mi sembrano in accordo con la magnifica teoria della relatività generale enunciata da Einstein nel suo ultimo articolo".

Tra gli studenti di Hilbert vi furono Hermann Weyl, Ernst Zermelo, John von Neumann, e Emmy Nöther.

Max Planck (1858 1947)

Uno dei più grandi fisici del Novecento, Max Planck nasce il 23 aprile 1858 a Kiel (Germania) e muore a Gottingen il 4 ottobre 1947.

Di famiglia piena di stimoli culturali e fra i suoi avi si contano insigni giuristi e pastori protestanti, versati nella teologia. Suo padre era un professore di molto rispettato.

Considerato tra i più grandi scienziati del secolo scorso ottenne la cattedra di fisica all'Università di Kiel nel 1885 a soli ventotto anni. In seguito, dal 1889 al 1928 lavorò all'Università di Berlino proseguendo l'attività didattica e di ricerca.

Segretario dell'Accademia Delle Scienze di Berlino è uno dei massimi esponenti ufficiali della scienza tedesca.

Nel 1900 dimostrò che gli scambi di energia nei fenomeni di emissione e di assorbimento delle radiazioni elettromagnetiche avvengono in forma discreta per quanti.

Nel 1901 passò dall'ipotesi quantistica alla vera e propria teoria quantistica: gli atomi assorbono ed emettono radiazioni in modo discontinuo, per quanti di energia, cioè quantità di energia finite e discrete. In tal modo anche l'energia può essere concettualmente rappresentata, come la materia, sotto forma granulare: i quanti come granuli di energia indivisibili.

Questa teoria gli valse il premio Nobel per la fisica nel 1918.

Fu ottimo pianista e si interessò di problemi filosofici, fu attivo fino a tarda età. Riguardo alla relazione tra scienza e religione, egli scrisse: "Scienza e religione non sono in contrasto, ma hanno bisogno una dell'altra per completarsi nella mente di un uomo che riflette seriamente".

Democrito (460 a. - C. 370 a. C.)

Nasce ad Abdera nel 460 a.C. e muore nel 370 a.C. ed è stato allievo di Leucippo, fondatore dell'atomismo.

Grande viaggiatore in patria esplicò la sua attività scientifica d'insegnante e di scrittore. Gli si attribuiscono le parole: "Mi recai ad Atene e nessuno mi conobbe"; ma secondo altre testimonianze non avrebbe mai visitato quella città.

Fu onorato dai suoi concittadini e ha ricevuto da loro il soprannome di "sapienza". Riprende la tesi di Parmenide della superiorità della conoscenza razionale su quella sensibile, definendo la prima genuina, la seconda oscura e ne difende la reciproca continuità e implicanza.

Sostenitore dell'atomismo ed identifica l'essere con il pieno e in ultimo con la materia e il non essere con il vuoto e, quindi, con lo spazio in cui la materia si muove.

La materia è costituita, poi, da atomi – da qui, la definizione di atomismo – particelle ultime della materia, indivisibili.

Democrito è giunto al concetto di atomo per via teorica, una deduzione che deriva dalla riflessione sulle teorie di Zenone e con gli atomisti afferma che la divisibilità all'infinito vale solo in campo logico-matematico, mentre in campo reale a furia di dividere la materia, la realtà si dissolverebbe nel nulla, giungendo alla non-materia; non si spiegherebbe, poi, come dal nulla possa derivare la materia così come dalla somma di più zeri non si arriva ad un numero qualsiasi.

E' necessario, perciò, ammettere l'esistenza degli atomi, in qualità di costituenti ultimi della materia, particelle minime non ulteriormente decomponibili.

Conclusione

Con questo quarto libro della serie "Panoramica scientifica dell'Universo" mi sono sforzato di far conoscere in modo abbastanza approfondito la Meccanica Quantistica nata nel 1900 con l'esperimento del fisico tedesco Max Planck.

Spero con questo lavoro di aver stimolato il lettore appassionato di scienza ad approfondire quella ricerca che indaga sul come il nostro Universo è nato ed agisce.

E' bello sapere come noi umani si sia percorso in soli, si fa per dire, centomila anni la meravigliosa strada della conoscenza e che partendo dalla scoperta del fuoco, della ruota, della scrittura, della matematica e della medicina ora si esplori con successo l'immensità dell'Universo ed il piccolissimo mondo dell'atomo. Nulla è avvenuto per caso: tutto è stato conquistato con un duro lavoro e tra grandi sofferenze.

La più grande lezione del nostro lontano passato è: **"lavorare, inventare, costruire senza fermarsi mai!"** ed ora, avanti verso lo spazio, alla conquista dell'Universo, ed oltre l'atomo costruendo nuove e potenti macchine.

Leggere e seguire queste cose, partecipare alle nuove scoperte, capire quanto sia grande l'Universo e piccoli noi, anche senza essere scienziati, oltre che un piacere è un modo per vivere meglio e distoglierci dai problemi di tutti i giorni.

Buon proseguimento!

Disponibile anche in formato eBook su Amazon:
https://amzn.to/2ZCZfnk

Serie: Panoramica scientifica dell'Universo:
https://amzn.to/2Jmu7xw

Linkedin: Ettore Accenti

Blog: http://ettoreaccenti.blogspot.ch/

Tutti i miei libri pubblicati: http://amzn.to/1YYcPaI

www.ingramcontent.com/pod-product-compliance
Lightning Source LLC
Chambersburg PA
CBHW030627220526
45463CB00004B/1441